Rheinisch-Westfälische Akademie der Wissenschaften

Natur-, Ingenieur- und Wirtschaftswissenschaften   Vorträge · N 334

Herausgegeben von der
Rheinisch-Westfälischen Akademie der Wissenschaften

RAOUL DUDAL
Land Resources
for the World's Food Production

SIEGFRIED BATZEL
Der Weltkohlenhandel

Westdeutscher Verlag

314. Sitzung am 4. April 1984 in Düsseldorf

CIP-Kurztitelaufnahme der Deutschen Bibliothek

Dudal, Raoul:
Land resources for the world's food production / Raoul Dudal. Der Weltkohlenhandel / Siegfried Batzel. - Opladen: Westdeutscher Verlag, 1984.
  (Vorträge / Rheinisch-Westfälische Akademie der Wissenschaften: Natur-, Ingenieur- und Wirtschaftswissenschaften; N 334)
  ISBN 978-3-531-08334-6   ISBN 978-3-322-87855-7 (eBook)
  DOI 10.1007/978-3-322-87855-7
NE: Batzel, Siegfried: Der Weltkohlenhandel; Rheinisch-Westfälische Akademie der Wissenschaften (Düsseldorf): Vorträge / Natur-, Ingenieur- und Wirtschaftswissenschaften

---

© 1984 by Westdeutscher Verlag GmbH Opladen
Herstellung: Westdeutscher Verlag

ISSN 0066-5754
ISBN 978-3-531-08334-6

Inhalt

Raoul Dudal, FAO Rome
Land Resources for the World's Food Production

Future populations	7
Is there enough land?	8
Population supporting capacity	11
Agriculture: Toward 2000	13
Land degradation	16
Development and access	17
Conclusions	18
References	20

Diskussionsbeiträge
  Professor Dr. phil., Dr. rer. techn., Dr. rer. nat. h. c. *Eduard Mückenhausen;* Dr. agr., Dr. agr. h. c., Dr. sciences h. c., Dr. laws h. c. *Raoul Dudal;* Professor Dr. rer. nat. *Ulf von Zahn;* Professor Dr. phil. nat. habil. *Hermann Flohn;* Professor Dr. rer. pol., Dres. h. c. *Wilhelm Krelle;* Professor Dr. agr. *Hermann Kick;* Professor Dr. sc. techn. *Alfred Fettweis;* Professor Dr. techn. *Franz Pischinger;* Professor Dr. rer. nat. *Werner Schreyer* 21

Siegfried Batzel, Herten
Der Weltkohlenhandel

Einführung	27
Welthandel mit Kohle heute	28
Kohlenimporte nach Deutschland	29
Künftiger Energiebedarf	31
Steinkohlenlagerstätten der Exportländer und Risiken im Weltkohlemarkt	33
Abbildungen	35

Diskussionsbeiträge
  Professor Dr. agr. *Hermann Kick;* Dr.-Ing., Dr.-Ing. E. h. *Siegfried Batzel;* Professor Dr. rer. nat. *Werner Schreyer;* Professor Dr.-Ing. *Friedrich Eich-*

horn; Professor Dr. rer. pol., Dres. h. c. *Wilhelm Krelle;* Professor Dr. techn. *Franz Pischinger;* Professor Dr. phil., Dr. rer. techn., Dr. rer. nat. h. c. *Eduard Mückenhausen;* Professor Dr. phil. nat. habil. *Hermann Flohn;* Professor Dr. sc. techn. *Alfred Fettweis* 47

Land Resources for the World's Food Production

by *Raoul Dudal*, FAO Rome

Future Populations

According to U. N. projections (SALAS, 1981), world population could reach a stable level of 10.5 billion by 2110, compared with 4.4 billion at present and 6.2 billion projected for the year 2000. The bulk of the increase is projected to take place by the middle of the 21st century, with world population reaching 9.25 billion in the year 2055.

The significance of these projections for future requirements of food and other agricultural commodities is that world demand could increase by 50 percent in the next 20 years and would more than double again in the first half of the next century. Requirements will actually grow faster than world population since almost all the population increases – 95 percent – will take place in the developing countries which, at present, and on average, have low per caput consumption levels. Hence, by the time the world was getting reasonably close to population stability, demand for food and agricultural products could be three times its present level (FAO, 1981).

The most striking feature of projected population growth is that the share of world population living in developing countries will increase from the present 72

Table 1: Projected stable Populations in different Regions (source: SALAS, 1981)

Years of Stabilization	Regions	1980 Population (millions)	Stable Population (millions)
2110	World	4434	10 529
2080	More Developed Regions	1092	1 390
2110	Less Developed Regions	2975	9 139
2110	Africa	470	2 193
2100	Latin America	364	1 187
2060	Northern America	248	318
2090	East Asia	1059	1 725
2100	South Asia	1405	4 145
2030	Europe	484	540
2070	Oceania	23	41
2100	U.S.S.R.	265	379

percent to 87 percent in the year 2110, that is 9.1 billion out of the total of 10.5 billion. Within the developing world differences in fertility levels and in decline of birth rates will entail a marked regional demographic diversity.

The stable population of various regions will be reached in different years, ranging from 2030 for Europe to 2110 for Africa. Table 1 shows years of stabilization and the populations projected to live in different parts of the world. Proportionally the largest increases are expected in Africa – fivefold – and in South Asia – threefold –, in the latter case, however, from a much larger 1980 base. Africa and South Asia together, with 6.3 billion people, will account for over 60 percent of the world's total population at the time of stabilization (SALAS, 1981).

Is there enough land?

The question arises, more pressingly now than ever before, is there enough land to feed the population of the future. Assessments of the production potentials have to be based on the evaluation of land attributes which reflect the interaction between soil, water, climate, plants, animals and human influences, and which determine the suitability for different types of land use in agriculture, grazing and forestry (FAO, 1976).

Planning for optimum land use, and for increased food production requires answers to many questions, such as:
- Is there sufficient land to meet future needs?
- Where are the arable areas and what are their extent?
- For which types of land use are they suitable and what is the range of their potential?
- Which level of technology is required?
- What ist the risk of degradation and what control measures are required?
- What level of investment ist needed?
- Where and for which crops can maximum returns from increased inputs be obtained?
- What are the limitations to production increases?
- Where should research efforts be concentrated?

In order to obtain answers to such questions, FAO is conducting a study of the rainfed production potential in developing countries by agro-ecological zones (FAO, 1978–81). The determination of this potential is made by matching soil and climatic inventories with the soil and climatic requirements of eleven major crops at two levels of inputs (HIGGINS and KASSAM, 1981).

The climatic inventory used in the study takes into account both heat (major climates) and moisture conditions (lengths of growing periods). The soil resources

Table 2: Land Use and Population (areas in million ha; source: DUDAL, HIGGINS and KASSAM, 1982)

	Developing Countries	Developed Countries	Total World
Land area	7619	5773	13 392
% of world's total	(57)	(43)	
Population (1979) (millions)	3117	1218	4335
% of world's total	(72)	(28)	
Potentially cultivable	2154	877	3031
% of land area	(28)	(15)	(22)
% of world's potential	(71)	(29)	(100)
Presently cultivated	784	677	1461
% of potential	(36)	(77)	(48)
% of world's total	(54)	(46)	(100)
Persons per ha presently cultivated	4.0	1.8	3.0

data for the study is obtained from the 1:5 000 000 FAO/Unesco Soil Map of the World (FAO, 1971–81). Overlay of the climatic data on the soil map allows creation of unique land units within which soil and climatic conditions are known and quantified. The low level of inputs is characterized by subsistence production, low capital intensity, manual labour with handtools, local cultivars, little or no fertilization or pest control, small holdings. The high level of inputs assumes commercial production, moderate to high capital inputs, mechanized labour, improved cultivars, optimum fertilization and pest control, medium to large holdings and accessibility to markets.

The suitability assessment for each crop is defined in terms of a percentage range of the maximum attainable yield without constraints. Land areas capable of yielding 80 percent or more of the maximum yield attainable are classified as very suitable (VS); areas yielding less than 80 to 40 percent are suitable (S); areas yielding less than 40 to 20 percent are marginally suitable (MS) and areas yielding less than 20 percent are classified as not suitable (N).

Table 2 reflects the distribution of the world's lands and their population. The world's potentially cultivable land (VS, S and MS) is estimated at 3031 million hectares, or 22 percent of the total land area, of which nearly half is presently in use. The distribution of the world's potentially cultivable lands between developing and developed countries is 71 and 29 percent respectively, practically in the same proportion as their share of the world's population. However, the present agricultural land is very unevenly distributed. The developed countries have 46 percent of the total land which is presently cultivated, that is far more than their 28 percent

Table 3: Land Use and Population in Developing Countries (areas in million ha; source: DUDAL, HIGGINS and KASSAM, 1982)

	Africa	S.W. Asia	S.E. Asia	Central Asia	South America	Central America
Land area	2886	677	897	1116	1770	272
% of world's total	(21)	(5)	(6)	(8)	(13)	(2)
Population (1979) (millions)	427	153	1232	947	239	119
% of world's total	(10)	(3)	(28)	(22)	(6)	(3)
Potentially cultivable	789	48	297	127	819	75
% of land area	(27)	(7)	(33)	(11)	(46)	(27)
% of world's total	(26)	(2)	(10)	(4)	(27)	(3)
Presently cultivated	168	69	274	113	124	36
% of potential	(21)	(144)	(92)	(89)	(15)	(49)
% irrigated	(4)	(16)	(24)	(44)	(6)	(18)
Persons per ha presently cultivated	2.5	2.2	4.5	8.4	1.9	3.3

share of the world population. Thus population pressure on the land is more than twice as great in the developing countries. Differences between regions are shown in Table 3.

Most of the land reserves are located in the developing countries, especially in Africa and South America, where only 21 and 15 percent respectively of the potentially agricultural land are presently used. In South East Asia on the contrary, 92 percent of the potential is already utilized. In South West Asia, more land is being used than the extent which is considered to be suitable for rainfed cultivation. The number of persons per hectare of cultivated land is highest in Central and South East Asia, regions which also have the highest share of irrigated agriculture.

The results of this study provide a global answer to the question: is there enough land? If the people of the world were to live in harmony, if resources were shared, if all cultivable land were used in an optimal way, and if there were unrestricted movement of produce, there would be food for all for many years to come. This study confirms earlier reviews which have been made on the subject (MÜCKENHAUSEN, 1973; BURINGH et al. 1975). The reality, however, is different: land resources are unevenly distributed between and within regions, technological inputs are in limited supply in developing countries, the gap between the rich and the poor is steadily widening, and the movement of food from surplus to deficit areas is hampered by difficult communications and unfavourable balances of payment. In the early fifties, imports of cereals by developing countries were limited to a few million tons. By 1981 imports were near to a burdensome 100 million tons, half of the world's trade in cereals. It is not enough for the world as a whole to have the capability of feeding itself, it is necessary to produce more food where it is needed.

For 90 developing countries, 40 percent of the total arable land potentially available was already under the plough by the mid-1970s. Almost half of the 90-country population was in 17 countries which were already using more than 90 percent of their potential arable area. The question of food security has to be raised not only at a global level but region by region and country by country.

Population supporting capacity

If developing countries are to reach a greater degree of self-sufficiency in food production, it will be necessary to match available land resources with the needs of present and future populations. Only when land potential is quantified, in terms of potential population supporting capacity, can the attainable degree of self-sufficiency be realistically assessed. The previously described land inventory has been used by an FAO/UNFPA study, for calculating calorie-protein production potentials, and hence potential population supporting capacities, under various input, crop mix and conservation assumptions (FAO, 1982).

The crops considered by this study are among the most widely grown crops of the world, and comprise pearl millet, sorghum, maize, rice, wheat, soybean, Phaseolus bean, sweet potato, white potato, cassava, groundnut, banana/plantain, sugarcane, oil-palm and grassland/livestock. Each data set of the described land inventory is analysed separately for all crops and for livestock production, to ascertain which use is the most productive under the unique circumstances of the areas' soil and climatic conditions. Prior to this analysis, deductions were made for land required for non-agricultural use, for irrigation and for rest period (fallow) requirements. Limitations imposed by degradation hazards and presently grown mixtures of crops according to levels of inputs, are also taken into account.

The study estimates that the lands of the developing world could produce sufficient food, at a low level of inputs, to provide for more than double the 1975 population. With intermediate level of inputs, production could be increased to feed four times that population. Comparison of these estimates with projection of populations envisaged by the year 2000, reveal that population supporting capacities of the lands of the developing world are also in excess of future population densities. However, these potential population supporting capacity estimates assume the use of all cultivable land, incentives to produce and unrestricted movement of food and labour within regions and countries. Since these requirements can hardly be expected to be met, it is necessary to analyse the potential for food self-sufficiency at the regional and country level.

Table 4: Critical countries with population supporting capacities less than 1975 or projected 2000 populations, at different input levels (source: FAO/UNFPA/IIASA, 1982)

	Africa	Central America	South America	S-E Asia	S-W Asia	Total
Total countries	51	21	13	16	16	117
1975						
Total population (millions)	407	106	216	1118	136	1983
Critical countries with						
Low inputs	22	11	–	7	15	55
Intermediate inputs	7	4	–	1	11	23
High inputs	2	1	–	1	9	13
2000						
Total population (millions)	828	215	393	1937	265	3638
Critical countries with						
Low inputs	30	14	–	6	15	65
Intermediate inputs	13	7	–	2	15	37
High inputs	4	2	–	1	12	19

Estimates by individual countries make it possible to identify national situations where the land resources are insufficient to meet the food needs of the people living or projected to be living from them.

The study identifies 55 "critical" countries whose potential population supporting capacities at the low level of inputs are less than their actual 1975 populations (Table 4). The countries include 22 out of the regional total of 51 in Africa, 15 out of 16 in South West Asia, 11 out of 21 in Central America, and 7 out of 16 in South East Asia. Raising the level of inputs has a very marked effect, reducing the total number of critical countries to 23 at the intermediate level and 13 at the high level.

In relation to their projected populations for the year 2000 the number of critical countries at the low level of inputs rises to 65. Included are 30 countries out of the regional total of 51 in Africa, 15 out of 16 in South West Asia, 14 out of 21 in Central America, 6 out of 16 in South-East Asia and none in South America. Increasing the inputs to the intermediate level reduces the total number of critical countries to 37 and to 19 at the high level.

These assessments include the production from land presently irrigated, and planned to be irrigated by the year 2000. For Africa planned irrigation development is far below existing potentials. However, it would be unrealistic to take this overall potential into account in calculating potential population supporting capacities. Additional production from irrigation can be planned only at the country level on the basis of site specific assessments of water resources, estimated

Table 5: Contribution of irrigation to total production potential, actual area and production in 1975 and projected in 2000 (percent of total production potential; source: FAO/UNFPA/IIASA, 1982)

	Africa	Central America	South America	Southeast Asia	Southwest Asia
1975					
Low inputs	9	38	6	39	80
Intermediate inputs	less than 5	14	less than 5	14	49
High inputs	less than 5	5	less than 5	8	32
2000					
Low inputs	20	64	13	73	89
Intermediate inputs	5	33	less than 5	41	66
High inputs	less than 5	14	less than 5	28	49

costs, the capacity to develop irrigation schemes and the decision taken regarding the degree of water control. The contribution of irrigation to population supporting capacity varies greatly between regions. In South East Asia, for instance, the contribution of irrigation development planned by the year 2000 is estimated at 73 percent of the total production potential at low levels of inputs but only 13 percent in South America (Table 5).

Agriculture: Toward 2000

The FAO study "Agriculture: Toward 2000" (FAO, 1981a) examines world agricultural perspectives and policy issues up to the year 2000, with particular attention to 90 developing countries. Three major scenarios are analysed: a continuation of existing trends, a modest improvement over trends since the early 1960s, and a more ambitious but still feasible rate of growth. No attempt is made to forecast what will actually happen up to the end of the century; rather the purpose is to unfold and analyse the implications for agriculture of the different scenarios. Past and existing trends in food and agriculture have led to a situation which, despite notable achievements, is fundamentally unsatisfactory with 450 million people seriously undernourished. A continuation of current food consumption trends and income distribution would raise this figure to some 650 million people seriously undernourished in the year 2000, according to conservative estimates. For the developing countries, the outcome would not only be unsatisfactory but alarming. The great majority of developing countries with nutritional problems in the mid-1970s were in that situation precisely because past trends in per caput supplies (whether domestically produced or imported) were

Table 6: Contribution of changes to increases in production (90 developing countries 1975 to 2000; source: FAO, 1981)

Region	Contribution to output growth (percent)		
	Arable land growth	Changes in cropping intensity	Yields
90 countries	26	14	60
Africa	27	22	51
Far East	10	14	76
Latin America	55	14	31
Near East	6	25	69

unfavourable: they declined, remained stagnant, or at best increased only slightly. If these trends were to continue to 2000, no fewer than 34 countries, accounting for half of the 90-country-population, would still have per caput calorie supplies under 100 percent of national average requirements. The lesson is clear: past trends must be changed. More hopeful alternative paths of growth have to be considered.

In scenario A, a much improved agricultural production performance by the developing countries matches demand. An approximate equality of increase in demand and production is also achieved in scenario B, but at a distinctly lower level. The heart of scenario A is a doubling of agricultural production in the developing countries between 1980 and 2000. Even the less ambitious scenario B is built around an 80 percent rise in output.

These hopeful outcomes depend on achieving an ambitious transformation in the agriculture of the developing countries – almost an agricultural revolution, involving widespread modernization in technology and techniques, and based primarily on a massive increase in inputs into agriculture (well over doubling annual investment and no less than tripling current inputs alone in scenario A). The overall development strategy thus relies heavily on rapid increases in current inputs, backed by a steady expansion of relatively high-cost investment with longer gestation periods, and pursued with an increased awareness of the need to conserve the environment and avoid undesirable social consequences. The production growth rates envisaged require a sustained and substantial expansion not only in the land and water base but in the modernization of the production process itself. For the 90 developing countries crops account for about for-fifths and livestock about one-fifth of additions to production during 1980–2000. Expansion of arable land provides 26 percent of the additional crop production, increased cropping intensity (the number of times that a hectare of land is cropped each year) 14 percent and higher yields 60 percent.

Table 7: Inputs to production (90 developing countries; source: FAO, 1981)

Inputs	Year 2000 A (Index: 1980 = 100)	Year 2000 B	Growth rates, 1980–2000 A (percent per year)	Growth rates, 1980–2000 B
Arable area	120	115	0.90	0.71
Irrigated area (arable)	141	129	1.72	1.27
Irrigated area (harvested)	162	146	2.43	1.91
Tractors	553	417	8.92	7.40
Fertilizer	514	412	8.53	7.33
Pesticides	240	207	4.47	3.70
Commercial energy (in oil equivalent)	494	383	8.32	6.94
Improved seed	317	280	5.93	5.29
Cereal feed	304	258	5.71	4.85
Labour requirements (man-days)	146	137	1.91	1.60

Table 6 shows marked differences between regions with regard to the contributions to output growth. Table 7 provides a breakdown of projected increases in inputs to production.

Fertilizer use and use of commercial energy in the form of machinery, fuel, irrigation, fertilizer and pesticides are between four and five times as high in 2000 as in 1980. The differences between the two scenarios reflect only differences in the extent of increases in inputs, not in the modernization of the production process.

Gains in output and productivity from the modernization of agricultural production do not come cheaply. In addition to the rising volume of current inputs, substantial increases in capital expenditure are required. Mechanization and livestock, including increases in herds, are the largest items, followed by irrigation except in the Far East, where it is the largest single investment item. Irrigated land at present accounts for about one third of the total developing-country crop output, but by 2000 its share is over 40 percent. It is clear that the future availability of agricultural land and the agricultural labour situation will strongly influence the specific country pattern of input use. In countries with little new land to bring into cultivation, land will become a production factor of diminishing relative importance. Almost all increases in crop production will need to come from raising yields and cropping intensity. By contrast, land-abundant countries follow a development path of more equal shares between expansion of arable area and intensification of its use.

For the countries with high land-scarcity and the land-abundant countries, year 2000 yields in scenario A are 85 and 31 percent respectively, above those of 1975. Cropping intensity, already high in the land-scarce countries, is raised by an average of 14 percent in scenario B.

Land degradation

Limits to agricultural production are set by soil and climatic conditions and the use and management of the land. In the long term any 'mining' of the land beyond these limits results in decreased productivity. Hence, land resources and their production potentials are not static. The productive capacity of land can be impaired and even entirely lost through various forms of degradation. For a number of developing and developed countries alike, land degradation has emerged as one of the major constraints to the further expansion of agriculture, both across the land surface as well as in terms of higher yields per unit area. High population pressure in developing countries is one of the causes that land is used beyond its supporting capacity. Projections of production potentials and land reserves would be very deceiving if the effects of degradation were ignored. Therefore soil conservation practices have been included in the intermediate and high levels of inputs assumptions. Though attention is focussed here on potentials for food production, requirements for other types of land use, such as forestry and grazing, have been taken into account and due regard has been paid to the conservation of the land.

While the forms of land degradation are well known, especially erosion and salinization, there are only very general estimates of the areas which are affected, of the rate of degradation and of the losses of productivity which occur. In order to improve knowledge of land degradation FAO, UNEP and UNESCO initiated a global assessment of soil degradation. In a first phase the study covered Africa north of the equator and the Near East (FAO, 1979). The main objective of the project was to develop a methodology which can be applied both at the regional and country level to assess the vulnerability of the land to degradation on account of its physical constituents and of human interference. With the low level of inputs, where soil conservation measures are assumed absent, it is estimated that by the end of the century, developing countries may lose up to 19 percent of the productive capacity of their land resources (Table 8).

Soil conservation is usually denied priority because immediate economic returns are often not apparent. It is imperative, however, that conservation be incorporated in all land development in order to avoid the risk that more land be lost than can be gained by the expansion of agricultural areas. The loss of land and of

Table 8: Effects of unchecked soil erosion on production potential at low input levels (percent of total production potential; source: FAO/UNFPA/IIASA, 1982)

	Africa	Central America	South America	S-E Asia	S-W Asia	Total
Loss in area of rainfed cropland	16	30	10	36	20	18
Loss in rainfed crop production	29	44	23	39	35	29
Loss in total potential production (from rainfed cropland, irrigated land, and the increased area suitable only for grassland)	25	25	21	12	5	19

productivity increases a country's food dependency and threatens its autonomy.

Conscious of this situation, the 21st Session of the FAO Conference, in November 1981, adopted the World Soil Charter. The Charter establishes a set of principles for the optimum use of the world's land resources, for the improvement of their productivity, and for their conservation for future generations (FAO, 1981b).

The World Soil Charter calls for a commitment on the part of governments, international organizations, and land users in general, to manage the land for long-term advantage rather than for short-term expediency. Special attention is called to the need for land use policies which create the incentives for people to participate in soil conservation work, taking into account both the technical and socio-economic elements of effective land use.

Development and access

Growth in production as envisaged in the progress scenarios will, in addition to technical inputs, require a transformation in institutions and social relations. It will mean an effort to create an effective framework of policies and services encouraging and ensuring growth in production with equity in the distribution of income, wealth and services.

Annual investment in primary agriculture as a proportion of the agricultural gross domestic product in developing countries must rise as production processes come to make use of more productive technologies, so that by the year 2000 the share rises to 21 percent in scenario A and to 17 percent in scenario B. To bring about such increases in agricultural investment, especially in the poorer countries, will not be easy. Quite apart from the acute shortage of capital, it will be necessary to overcome a prevalent conviction that agriculture is not very capital-demanding.

An essential problem which must be tackled along with production, is one of distribution, or redistribution, of existing productive assets and of those that can be brought into existence. Hungry populations, urban and rural alike, must have access to food or to the means of growing it; to gain access to food, they must have access to the income necessary to buy it; to earn money, they must have access to work, and to the education and training that they need if they are to find employment.

At the same time, if small farmers and landless labourers are to contribute substantially to increased agricultural production to meet their own needs and those of coming generations, they must have greater access to suitable land and water. They must also have easy access to all the other inputs without which the crops will not grow or yield sufficiently. They also need a distribution system that will give them a fair return on their labour and at the same time ensure that the food reaches those who need it most.

Technological changes never take place in a social vacuum: if they are to be adopted on a wide enough scale, social and institutional structures will have to be built up at the same time to make that adoption possible. Institutions have a key role to play in every sector of agriculture: to organize land improvement, deliver inputs, teach new methods, provide credit and marketing facilities, and back all these activities up with research and training.

Combined with even a moderate rate of economic growth, redistribution can have more impact on poverty, especially in the short to medium term, than rapid economic growth without it.

Conclusions

The world, as a whole, has enough land to produce food for present and future populations. However, with the uneven distribution of land resources, populations and agricultural inputs, food production falls short of requirements in a great number of countries. In order to avoid dependency on external supplies, these countries will need to increase their domestic food production.

When planning for a higher degree of self-sufficiency, it is essential that differences in land resource endowment and in crop production potentials, be fully appreciated. In some countries, land reserves are such that cultivation can be expanded to meet national requirements, and even beyond. However the problems and time factor of successful development of new lands should not be underestimated. In other areas the limits of cultivable land have already been, or are about to be, reached and most of the increased production will have to come from the intensification of agriculture on land already cultivated. Certain countries with unfavourable soil and climatic conditions, may not have means to meet the food requirements of their populations, even if the level of inputs were to be optimized. In this case implementation of major land improvements to enhance the land resource base may have to be considered. The importance of attaining projected increases in irrigated area has to be emphasized. Furthermore, other needs also have to be met such as fibre for clothing, raw materials for housing and industry, lumber and fuelwood, environmental conservation, and possibly export crops. Therefore a balance should be established within each country, matching needs with the suitability of the land base for various types of use.

The precarious food situation in a number of developing countries indicates that the mere availability of land is not sufficient to fill the gap between demand and supplies. Incentives need to be created for the farmers to remain on the land and to make it produce. Priority has to be given to rural development in terms of investment, pricing policies, energy allocation, access to inputs, technology transfer, transport and credit, training and research. This intensification of agriculture is crucial in many developing countries where land resources are insufficient, at a low level of inputs, to meet the food needs for their present or future population.

With the identification of critical areas in various parts of the world, it clearly appears that future needs will have to be ensured by a global food system that establishes complementarity of production between areas of different suitability. Land use planning is relevant at international scale as well as on the national, district and village levels. In 1980 the community of nations adopted this "one world" concept in the form of an international development strategy reflecting their recognition of essential and comprehensive interdependence among nations.

References

Buringh, P., van Heemst, H. and Staring, G., 1975. Computation of the absolute maximum food production of the world. Agr. Univ. Wageningen. The Netherlands.

Dudal, R., Higgins, G.M. and Kassam, A.H., 1982. Land Resources for the World's Food Production. Proceedings 12th International Congress of Soil Science, New Delhi.

Food and Agriculture Organization of the United Nations, 1971-81. FAO/UNESCO Soil Map of the World, 1:5 000 000, Vol. 1-10, UNESCO, Paris.

Food and Agriculture Organization of the United Nations, 1976. A Framework for Land Evaluation. Soils Bulletin No. 32, FAO Rome.

Food and Agriculture Organization of the United Nations, 1978-81. Reports of the Agro-ecological Zones Project. Vol. 48/1, Africa; Vol. 48/2, South West Asia; Vol. 48/3, South and Central America; Vol. 48/4, South East Asia. FAO, Rome.

Food and Agriculture Organization of the United Nations, 1979. FAO/UNEP/UNESCO Provisional Methodology for Soil Degradation Assessment. FAO, Rome.

Food and Agriculture Organization of the United Nations, 1981a. Agriculture: Toward 2000, FAO, Rome.

Food and Agriculture Organization of the United Nations, 1981b. World Soil Charter. Report 21st Session of the FAO Conference, FAO, Rome.

Food and Agriculture Organization of the United Nations, 1982. FAO/UNFPA/IIASA, Potential Population Supporting Capacities of Lands in the Developing World, Rome.

Higgins, G.M. and Kassam, A.H., 1981. Regional Assessments of Land Potential: A Follow-up to the FAO/UNESCO Soil Map of the World. Pages 11-23 in: Nature and Resources, Vol. XVII, No. 4, UNESCO, Paris.

Mückenhausen, E., 1973. Die Produktionskapazität der Böden der Erde. Rheinisch-Westfälische Akademie der Wissenschaften, Düsseldorf, N 234.

Salas, R.M., 1981. The State of the World Population 1980. United Nations Fund for Population Activities, New York.

Diskussion

Herr Mückenhausen: Herr Dudal, vor ungefähr fünf Jahren ist das Buch „Global 2000" veröffentlicht worden, in dem die Situation der Welt im Jahre 2000 diskutiert wird. Das Buch wurde auf Veranlassung des früheren Präsidenten der Vereinigten Staaten, Jimmy Carter, veröffentlicht. Es wird darin berichtet, daß sich von 1970 bis zum Jahre 2000 die Produktion menschlicher Nahrungsmittel um ungefähr 90% steigern würde.

Ich möchte Sie fragen, ob dies der Meinung der FAO entspricht. Ich nehme an, daß diese Produktionssteigerung sehr hochgegriffen ist. Was meinen Sie dazu?

Herr Dudal: Wenn wir im Jahre 2000 die Menschen noch ernähren wollen, muß, nach unserem Szenario A, eine hundertprozentige Produktionserhöhung erreicht werden. Nach Szenario B, das vielleicht realistischer ist, geht man von einer Erhöhung um 80% aus. Es ist schwierig zu sagen, ob das tatsächlich so eintreten wird, denn das erfordert eine enorme Erhöhung der Einsatzmittel, die in vielen Ländern importiert werden müßten. Es ist auch die Frage, wenn man sich die jetzige Situation ansieht, ob diese Länder es zeitlich schaffen, die Technologie ihrer Landwirtschaft entsprechend umzustellen. Es bedarf einer internationalen Solidarität, um diesen Ländern zu helfen, das angestrebte Ziel zu erreichen, die Lebensmittelproduktion bis zum Jahre 2000 um 80 bis 100% zu steigern.

Herr von Zahn: Haben Sie in Ihrer Statistik die tropischen Regenwälder als verfügbares Anbauland, das umgewandelt werden kann, mitgezählt?

Herr Dudal: In flachen Gebieten ja, in hügeligen oder bergigen Gebieten nein. Es gibt 4 Milliarden Hektar Waldgebiet, und bis zum Jahre 2000 werden etwa 200 Millionen Hektar neues Anbauland gebraucht. Wenn von der Abholzung des tropischen Regenwaldes die Rede ist, soll man sich ansehen, woher die 200 Millionen Hektar kommen sollen: mehr aus den Savannen als von den tropischen Regenwäldern.

Herr Flohn: Sie haben versucht, Klima und Boden zu korrelieren. Wie sieht es mit der zeitlichen und räumlichen Variabilität der Regenfälle aus? Ich denke in erster Linie an den Sahel-Gürtel, wo wir seit fünfzehn Jahren fast kontinuierlich Trockenperioden haben; z.Z. ist nicht abzusehen, wie diese Periode zu einem Ende kommen soll.

In diesem Zusammenhang möchte ich noch auf die Situation in Amazonien eingehen, wo die Abholzung der Wälder, die ja schon allmählich fortschreitet, wahrscheinlich das Klima verändern wird, vor allen Dingen den Wasserhaushalt wegen der Abhängigkeit des Regens von der hohen Verdunstung des Waldes. Wie kann so etwas in Ihrer Abschätzung berücksichtigt werden?

Herr Dudal: Die Unterschiede in den Regenfällen sind mit beachtet worden. Die Produktionen werden kalkuliert auf Grund von drei Ernten in einem Jahr, einer Ernte in drei Jahren oder einer Ernte in fünf Jahren. Je trockener es wird, um so mehr kann man nur eins von fünf Jahren als volles Produktionsjahr rechnen, was bei der Errechnung der Produktionskapazitäten also durchaus in Betracht gezogen wurde.

Die zweite Frage kann ich leider nicht beantworten, denn das Abholzen im Vergleich zu Veränderungen in den Klimabedingungen ist sehr schwer vorauszusehen. Die Wälder am Amazonas sind riesig. Das Abholzen findet derzeit hauptsächlich entlang den Flüssen statt, denn der Zugang zu diesen Gebieten ist sehr schwierig. Es ist fraglich, ob es hier zur Zeit eine größere Gefahr gibt; denn Brasilien hat weite Ländereien, die für die Kultivierung zur Verfügung stehen. Zur Zeit konzentriert man sich auf den Cerrado, wo man im Zusammenspiel zwischen künstlicher Bewässerung und Düngung doch recht gute Fortschritte erzielt hat, viel einfacher als in Amazonien.

Herr Krelle: Im ersten Teil Ihres Vortrages sprachen Sie über Selbstversorgungsmöglichkeiten so, als ob die Autarkie der einzelnen Regionen das Ziel sei. Ich möchte Sie fragen, ob Sie die Autarkie als ein wünschenswertes Ziel betrachten. Warum soll sich jedes Land selbst versorgen? Wenn zum Beispiel genug Dienstleistungen erbracht werden, etwa im Fremdenverkehr, oder wenn genügend Fertigprodukte produziert werden, dann kann ein Land doch Nahrungsmittel importieren, weil es dafür Gegenwerte bieten kann.

Eine zweite Frage ergibt sich aus den sozialen Faktoren, die Sie im zweiten Teil Ihres Vortrages erwähnt haben. Meinen Sie, daß eine Veränderung in den Besitzverhältnissen ausreichend sein wird, um eine bessere Produktivität in der Landwirtschaft zu erzielen? Im Gebiet um Recife gibt es Großgrundbesitz, aber die Intensität der Produktion ist niedrig. Auf der anderen Seite gibt es ja auch ineffiziente landwirtschaftliche Produktion, weil die Grundstücke zu klein sind. Haben Sie auch das Problem der optimalen Größe von landwirtschaftlichen Bebauungsflächen und den Besitzverhältnissen behandelt?

Diskussion

Herr Dudal: Was die erste Frage angeht, so würde ich sagen, daß die ideale Welt eine Welt ist, wo wir alle das produzieren, was wir am besten produzieren können. Ich hoffe, daß die Produktionskapazitätskarten in der Zukunft dazu führen werden, wenn auch nicht morgen, so aber doch in der längerfristigen Zukunft.

Weil manche Entwicklungsländer für ihre Ernährung stark von Importen abhängig sind, gibt es in der Industriewelt auch viele Länder, deren Ökonomie von Exporten abhängig ist. Man sieht zur Zeit, was beim Weizen und bei Sojabohnen passiert. Ohne Exportmöglichkeiten würden Überschüsse zu Problemen führen. Es gibt Länder, die nicht viel im Tausch anbieten können, die keine Industrie haben, keine mineral- oder landwirtschaftlichen Exportprodukte und keine Dienstleistungen, die sie exportieren können. Diese Länder leiden am meisten, weil sie durch den Import vom Ausland abhängig werden. Es gibt Beispiele dafür, daß Ernährungslieferungen aus politischen Gründen unterbrochen worden sind.

Saudiarabien hat sich entschieden, lokal Weizen anzubauen, der dadurch, daß man großzügige Bewässerungssysteme installieren mußte, den fünffachen Weltmarktpreis kostet. Rein wirtschaftlich ist das nicht, aber Unabhängigkeit wird eben als höherwertig betrachtet als die Möglichkeit, Lebensmittel im Austausch zu bekommen. Es gibt ganz unterschiedliche Faktoren, die Länder dazu bringen, zu einem gewissen Grade unabhängig zu sein in bezug auf ihre Ernährung. Viele Länder sind ohnehin nicht in der Lage, das zu erreichen. Man soll hier betrachten, daß vieles durch ausgeglichene Handelsbeziehungen zu erreichen ist.

Die zweite Frage bezog sich auf die Besitzverhältnisse. Es ist ganz offensichtlich, daß hier Anreize geschaffen werden müssen, damit die Bauern produzieren. Es ist häufig so, daß die Bauern ihre Ernte mit dem Eigentümer teilen müssen, und es ist heutzutage häufig der Fall, daß die Bauern nicht den richtigen Preis für ihr Produkt bekommen. Auch wenn der internationale Marktpreis gut ist, erzielt ihn ja mehr der Zwischenhändler als der Bauer.

Unter solchen Umständen kann die Landwirtschaft keine Fortschritte machen, und deshalb ist eben die Landwirtschaft in vielen Ländern sozusagen am Boden zerstört, weil sie nicht die ausreichenden Anreize bekommt. Einige Bauern wandern dann in die Stadt ab, wo sie mehr Geld verdienen können.

Es ist ein ganz wichtiger Faktor für die Zukunft, daß Anreize für den Bauern geschaffen werden müssen.

Herr Kick: Aus den Zahlen sehen wir, daß nicht ausreichend Nahrungsmittel produziert werden können, wenn nicht gleichzeitig Agrochemikalien eingesetzt werden, insbesondere Pflanzenschutzmittel und auch sog. Kunstdünger. Nach Meinung mancher Gruppen in Europa und darüber hinaus ist das eine schlechte Entwicklung. Sie haben uns einen Bauern gezeigt und dazu bemerkt, daß dieser ein umweltfreundlicher Bauer sei. Meines Erachtens kann er jedoch ohne Agrochemikalien das von Ihnen aufgezeigte Ziel gar nicht erreichen.

In vielen Ländern können sich die Menschen nicht ausreichend ernähren. Ein wichtiger Grund dafür ist auch der Mangel an ausreichender Bewässerung; z. B. in den ariden und semiariden Gebieten Afrikas ist ein entscheidendes Problem, das vorhandene Wasser richtig einzusetzen und genügend Wasservorräte zu schaffen. Wie will die FAO helfend eingreifen, um sicherzustellen, daß das vorhandene Wasser vernünftig und optimal eingesetzt wird? Das ist meines Erachtens ein ganz wichtiger Gesichtspunkt.

Herr Dudal: Was den Kunstdünger angeht, so ist es zutreffend, daß es, wenn man sehr große Mengen, wenn man Überdosen von Kunstdünger verwendet, zu einer Verschmutzung des Grundwassers kommt. Es wird behauptet, daß diese Technologie in die Entwicklungsländer nicht exportiert werden soll. Bei den derzeitigen niedrigen Mengen von Kunstdüngern, die in den Entwicklungsländern verwendet werden, gibt es diese Gefahr noch nicht. In Industrieländer werden bis 200 kg/ha an Dünger verwendet. In den Entwicklungsländern sind es weithin nur Zehntel davon. Die mittleren Werte liegen bei 30 oder 40 kg/ha, das Maximum bei 90 kg/ha. Übrigens liegen die Preise für Kunstdünger in den Entwicklungsländern wegen der hohen Transportkosten etwa doppelt so hoch wie in den exportierenden Ländern. Man muß natürlich Entwicklungsländer warnen, daß sie nicht dieselben Fehler wie Länder machen, die zu hohe Dosen verwenden. Dabei muß man allerdings auch das richtige Augenmaß behalten.

Was das Wasser angeht, hat die FAO Projekte in verschiedenen Ländern der Dritten Welt, um die Wasserverwendung zu optimieren, auch um die Qualität des Wassers zu untersuchen, das zur Verfügung steht. Während der Vortrag sich meist auf regenbewässerte Landwirtschaft bezog, wird nun auch versucht, eine Karte der Wasserreserven zu erstellen. In Afrika wird angefangen anzuzeigen, welche Oberflächen-Wasserreserven und welche Grundwasser-Wasserreserven ausreichen, um künstlich bewässern zu können. Das Schätzen der Wasserreserven ist schwieriger, als Bodenkarten zu erstellen. Informationen über Regenfall sind nicht immer sehr genau und wechseln im übrigen sehr stark über die Jahre.

Hinsichtlich der Energie wird behauptet, daß die Landwirtschaft Energie sparen soll, und daß keine Energie verbrauchenden Technologien in die Entwicklungsländer transportiert werden sollen. Dazu ist zu antworten, daß derzeit auf die Landwirtschaft 3,5 bis 4% des Energieverbrauchs in der Welt entfallen. Auf den Transport entfallen 21%. Wenn irgendwo etwas einzusparen ist, dann sollte das eher beim Transport geschehen, um der Landwirtschaft ein paar Prozent mehr geben zu können.

Diskussion

Herr Fettweis: Auf einem der Diapositive haben Sie die Gebiete mit dem für Ackerbau noch zur Verfügung stehenden Land gezeigt. Es waren auch große Gebiete zu erkennen, wo es kein Reserveland mehr gibt, und es überraschte mich zu sehen, daß diese auch die großen Wüstengebiete von Asien und Afrika umfaßten. Ist es denn wirklich so, daß von der Wüste nichts für den Ackerbau gewonnen werden kann?

Das Hauptproblem in der Wüste ist doch wohl der Mangel an Wasser. Um Wasser in die Wüste zu bekommen, braucht man Energie. Auch Sie haben das Problem der Energieversorgung angesprochen, doch glaube ich, daß es falsch wäre, diese nur auf der gegenwärtigen Grundlage von Kohle und Öl zu sehen. Die Wüstengebiete haben ein riesiges Potential für Nutzung der Sonnenenergie, aber dieses Potential ist noch gar nicht angezapft. Zur Zeit wäre das auch sehr schwierig, aber wir sprechen doch hier über das Jahr 2100, und da mag die Situation völlig anders sein als heute. Die Wüsten könnten in der Zukunft also durchaus für den Ackerbau geeignet werden.

Herr Dudal: Was ich Ihnen gezeigt habe, ist die gegenwärtige Situation. Wenn wir die Trockengebiete bewässern könnten, dann könnten die Ackerbaugebiete natürlich ungeheuer ausgeweitet werden. Deshalb werden ja zur Zeit die Grundwasserverhältnisse in Afrika studiert.

Es wird gehofft, daß die Entsalzung von Meereswasser einen Beitrag liefern kann. Für die Bewässerung von einem Hektar Land werden bis 10 000 cbm Wasser gebraucht. Diese Wassermengen können heute durch Entsalzung nicht ökonomisch geliefert werden. Weiterhin würde es riesiger Entsalzungsanlagen bedürfen, die zur Zeit noch nicht zur Verfügung stehen.

Herr Pischinger: Erste Frage: Wird die Landwirtschaft die einzige und die Hauptquelle für die Nahrung bleiben? Könnte zum Beispiel nicht auch eine Algenkultur aus den Ozeanen eine Möglichkeit sein? Könnte nicht die Aufbereitung von Abwässern zu wertvollen Rohstoffen für die Nahrungsmittelproduktion führen? Es ist natürlich klar, daß es da auch noch psychologische Barrieren gibt.

Dann zu meiner zweiten Frage: Länder mit sehr guten landwirtschaftlichen Bedingungen und ohne fossile Brennstoffressourcen werden in der Zukunft Pflanzen anbauen, um daraus Brennstoffe herzustellen. Brasilien zum Beispiel verwendet heute Zuckerrohr in großem Maßstab für die Produktion von Alkohol, der als Kraftstoff für den Antrieb von Kraftfahrzeugen dient. Die damit verbundene Landwirtschaft hilft dabei auch das Arbeitslosenproblem zu lösen. Haben Ihre Studien auch derartige Lösungen berücksichtigt? Was halten Sie davon?

Herr Dudal: Bezüglich der Algen kann ich Ihnen keine gute Antwort geben. Ich habe meine Zweifel, ob Algen in ausreichenden Quantitäten produziert werden könnten und ob die Menschen bereit wären, sich entsprechend umzustellen.

Für den Fischfang sind die höchsten Möglichkeiten zur Zeit schon mehr oder weniger ausgeschöpft. Der Fischfang liefert einen Beitrag zur Ernährung der Weltbevölkerung von etwa 2%, aber dieser Anteil könnte in der Zukunft größer werden, wenn Süßwasserkulturen weiterentwickelt werden.

Es ist richtig, daß heute große Bereiche von Ackerland für den Anbau von Zuckerrohr, Mais und Kassawa für die Herstellung von Brennstoff verwendet werden, was in der Tat Probleme für die Nahrungsmittelproduktion hervorruft. Es besteht die Gefahr, daß, wenn zum Beispiel der Anbau von Zuckerrohr sich zu sehr ausweitet, Reis, Bohnen und andere traditionelle Nahrungsmittel immer weiter zurückgedrängt werden.

Herr Schreyer: In der Republik Südafrika hört man sehr häufig, und das kann natürlich auch politische Propaganda sein, daß die Nahrungsmittelproduktion so weit gesteigert werden könnte, daß man in der Lage wäre, damit ganz Afrika zu ernähren. Wenn ich mir Ihre Karte anschaue, dann scheint das aber nicht möglich zu sein; denn Sie zeigten ja, daß Südafrika nicht so viel Reserveland hat, um die Nahrungsmittelproduktion entsprechend zu steigern. Wo liegt nun die Wahrheit?

Herr Dudal: Diese Frage kann ich leider nicht beantworten, weil wir nur die Entwicklungsländer untersucht haben. Für das Gesamtbild müßten wir natürlich auch die Industrieländer mit einbeziehen. Ich glaube, daß es in den Industrieländern auch noch entsprechende Möglichkeiten gibt. Die USA zum Beispiel exportieren heute zwei Drittel ihrer Agrarproduktion. Zwei von drei Hektar werden also nur für den Export bebaut, und ich glaube, es gibt in den Industrieländern noch große Potentiale, ein Beispiel sind die großen Überschüsse, die in Europa aufgrund der hohen Anreize produziert werden. Auf globaler Ebene gibt es kein Problem. Das Problem liegt nur darin, ob die, die Nahrungsmittel brauchen, sie sich auch leisten können, und ob diese Mittel ihnen zu akzeptablen Bedingungen zur Verfügung gestellt werden können.

Zaire hat 30 Millionen Einwohner und könnte mit seinen Landreserven zur Ernährung von anderen afrikanischen Ländern beitragen. Der südliche Teil des Sudans wird der Brotkorb des Nahen Ostens genannt. Die Frage ist nur, ob man Landarbeiter dorthin bringen kann, und ob es gelingt, die Infrastruktur aufzubauen, die Transportmittel zur Verfügung zu stellen und die notwendigen Finanzmittel bereitzustellen.

Der Weltkohlenhandel

von *Siegfried Batzel*, Herten

Einführung

Der Welthandel mit Steinkohle kann nur im Zusammenhang mit einer Vielzahl geologischer, wirtschaftlicher und politischer Voraussetzungen gesehen werden, die darüber hinaus noch global betrachtet werden müssen, weil die Interdependenz regionaler Bedürfnisse und Vorgänge inzwischen so groß geworden ist, daß keine Energieform und keine Region der Welt für sich alleine betrachtet werden kann. Ferner ist bei der Langfristigkeit aller Maßnahmen zur Energieversorgung die Vorausschau ein wichtiges Element, wobei allerdings eine relativ große Unsicherheit bei der Behandlung dieses Themas ständiger Gast bleibt. Hinzu kommt, daß diese Unsicherheit nicht nur für die Prognose zukünftiger Entwicklungen gilt, sondern auch für manche elementare Grundlage, wie z. B. die Kenntnis der abbauwürdigen Kohlevorräte, die nach heutigen Vorstellungen gewinnbaren Öl- und Gasreserven, der Umfang der verwertbaren Uranvorräte und die Möglichkeiten der Entsorgung von Kernkraftwerken in naher Zukunft. Aber es genügt nicht zu wissen, wieviel Öl z. B. im Nahen Osten in der Erde ruht. Wir müssen uns auch fragen, welche Preise, welche Förderbereitschaft und welches Fördervermögen heute oder künftig zur Energieversorgung beitragen werden.

Will man die Entwicklung des Energieangebots abschätzen, so muß man zwischen Ländern, die sich ganz oder überwiegend selbst versorgen können, und solchen Ländern unterscheiden, die Exportpotential besitzen. Doch die Erfahrung lehrt, daß unvorhersehbare Ereignisse Schwerpunkte in der Energieproduktion und im Energieexport verlagern können. So hat der Bergarbeiterstreik in Großbritannien bereits zweimal die Verbraucher in angestammten Importländern so sehr verunsichert, daß sie sich trotz günstiger Preiskonditionen nur zögernd oder gar nicht zur Fortführung der alten Lieferbeziehungen durchringen konnten. Uns allen sind auch noch die Vorgänge der letzten zehn Jahre im polnischen Steinkohlenbergbau in lebhafter Erinnerung.

Konjunkturelle Schwankungen üben einen besonderen Einfluß auf die Energienachfrage und damit auch auf das Preisniveau aus. So ist der derzeitige Kohlenüberschuß in Europa entscheidend durch die schwierige Lage der Stahlindustrie und den entsprechenden Rückgang der Nachfrage nach Kokskohle und Koks begründet.

Mit dieser Aufzählung ist nur ein kleiner Teil der vielfältigen Zusammenhänge berührt. Aber so schwierig und undurchsichtig diese Vorgänge oft sind, so reizvoller ist jener Versuch der Analyse. Es ist nicht nur der Reiz, weshalb sich zahllose Stellen in Wissenschaft, Wirtschaft und Politik aller Länder mit diesen Fragen befassen. Es ist auch zwingend notwendig, Entwicklungen vorauszusehen, weil alle Fragen der Energie und der Energiepolitik langfristiger Natur sind, und weil Energiemangel, aber auch Energieüberschuß von ganz entscheidender Bedeutung für jede Wirtschaft sind.

Die Bedeutung der Kohle für die Versorgung der Welt mit Energie liegt zunächst in ihrem hohen Anteil an den fossilen Brennstoffen der Erde begründet. 70–80% der wirtschaftlich gewinnbaren Energieträger in der Erdkruste sind Kohle, die restlichen 20–30% Öl und Gas. Wenn ich in Abbildung 1 die Weltvorräte an Kohle zeige, so soll damit ihre Verteilung über die gesamte Erde deutlich gemacht werden. Die Zahlen im einzelnen sind sehr unsicher. So werden z. B. für Australien vom Geologischen Amt in Hamburg 36,5 Mrd. t gewinnbare Vorräte angegeben. Ich selber schätze die gewinnbaren Vorräte auf das zehnfache.

Die Verteilung der Weltvorräte an Erdöl (Abbildung 2) zeigt die starke Konzentration der großen Vorräte in den politisch brisanten Gebieten des Nahen Ostens und Südafrikas. Das gilt in gleicher Weise für das Gas (Abbildung 3), ohne daß ich hier in die politische Diskussion um die Versorgung des westeuropäischen Marktes mit Gas aus Rußland einstimmen will; wir brauchen alle Energieformen zur Deckung des Bedarfs.

Aber noch in anderer Hinsicht ist die derzeitige Versorgungslage mit Primärenergie in den verschiedenen Gebieten der Welt aufschlußreich. Abbildung 4 zeigt Produktion und Verbrauch verschiedener Regionen in der Welt. Auf den ersten Blick wird deutlich, daß bis auf drei Ausnahmen Verbrauch und Produktion in etwa ausgeglichen sind. Diese Ausnahmen sind die Energiebedarfsgebiete Westeuropas, bei einem Bedarf von 1,6 Mrd. t SKE und einer Eigenerzeugung von 800 Mio t SKE, Japan mit einem Bedarf von 430 Mio t SKE und einer Eigenerzeugung von 40 Mio t SKE. Das einzige Überschußgebiet von Bedeutung ist das politisch brisante Gebiet des Nahen Ostens. Hier werden nur 220 Mio t SKE verbraucht, aber 2,1 Mrd. t SKE produziert oder mit anderen Worten: Aus dieser Gegend größter politischer Spannung in der Welt müssen sich diejenigen Länder versorgen, die keine ausreichende Eigenproduktion haben.

Welthandel mit Kohle heute

Heute entfallen etwa 40% des Weltenergieverbrauchs auf Mineralöl, das, wie eben ausgeführt, zu einem erheblichen Teil nicht in den Verbraucherländern selbst gefördert wird, und 30% sind Kohle, die jedoch hauptsächlich in den Förderregionen selbst verbraucht wird. Infolgedessen hat der Welthandel mit Kohle und Koks, verglichen mit dem Erdöl-Handel, ein relativ bescheidenes Volumen. Es waren in den letzten Jahren nicht ganz 10% der Förderung. Berücksichtigt man, daß hierin auch der Binnenhandel der europäischen Gemeinschaft, der COMECON und zwischen Kanada und die USA enthalten sind, verbleiben für den Welthandel im engeren Sinne nur etwa 200 Mio t SKE oder etwa 7%.

Netto-*Exporteure* sind USA, Australien, Südafrika, Polen, UdSSR und die Bundesrepublik Deutschland; Netto-*Importeure* sind Japan, Westeuropa (ohne die Bundesrepublik Deutschland) und Kanada sowie eine große Zahl kleinerer Länder.

Die Bedeutung der unterschiedlichen Kohlenarten und -sorten wird allgemein unterschätzt. Mit anderen Worten: Kohle ist nicht gleich Kohle. Nur ein kleiner Teil der Kohlenvorräte ist zur Verkokung und damit für die Stahlindustrie geeignet. Kohlevergasung und -verflüssigung stellen ganz andere Qualitätsanforderungen, bei der Stromerzeugung können Ballastkohlen wegen der hohen Transportkosten nur in produktionsnahen Standorten verbraucht werden, und in zunehmendem Maße bringt der Schwefelgehalt Restriktionen für den Verbraucher. Schließlich sind kleinere Verbrauchereinheiten bis heute noch auf körnige Kohle angewiesen.

Das Zusammenfallen von Produktions- und Verbraucherzentren ist geschichtlich bedingt. Der Stahl ist in vielen Ländern auf der Kohle entstanden und gewachsen. Auch die großen Stromerzeuger haben sich zuerst in der Nähe der Lagerstätten angesiedelt. Beides ist in einem Wandel begriffen, und vor allem die Zahl der großen Elektrizitätswerke auf Steinkohlebasis in aller Welt, die fern der Kohlenlagerstätten errichtet werden, nimmt ständig zu. Das wird zu einem weiter steigenden Welthandel mit Kohle führen.

Kohlenimporte nach Deutschland

Wie sah die Entwicklung in unserem Land aus? Deutschland war immer ein Nettoexporteur. Dem durchschnittlichen Einfuhrvolumen der letzten 100 Jahre von 7,8 Mio t / Jahr (Abbildung 5) stand ständig ein Mehrfaches an Ausfuhr gegenüber. Der deutsche Bergbau war immer ein wichtiger Lieferant von Hausbrand in andere europäische Länder und aus Qualitätsgründen ein Exporteur von Kokskohle und Koks. Er hat auch noch in den letzten Jahren die Stahlindustrie in rund fünfzig Ländern der Welt damit beliefert.

Die ersten Nachkriegsjahre waren durch hohen Bedarf und besonders intensive Nachfrage nach deutscher Kohle gekennzeichnet. Kohle zu importieren war wegen Devisenknappheit bei gleichzeitiger Preisbindung der deutschen Kohle ökonomisch nicht sinnvoll. Charakteristisch für die damalige Situation war die Auflage, die die am 1. April 1956 neugegründeten Verkaufsgesellschaften der Ruhr erhielten. Sie mußten sich verpflichten, die Lieferungen in die anderen Länder der Gemeinschaft (Frankreich, Italien, Benelux-Länder) ohne Rücksicht auf den steigenden inländischen Bedarf auf gleicher Höhe zu halten. Durch diese Politik wurden die deutschen Verbraucher veranlaßt, sich um Importe von Drittlandskohle zu bemühen. Da durch den Abschluß langfristiger Verträge auch die Möglichkeit bestand, die damals extrem hohen Seefrachten zu senken, stieg das Vertragsvolumen bis zum Jahre 1958 laufend an.

Ein konjunktureller Einbruch im Frühjahr 1958, der zu einem Rückgang des Primärenergieverbrauchs führte, machte plötzlich deutlich, wie stark die Verbraucher durch langfristige Verträge an Importkohle gebunden waren, und daß der deutsche Steinkohlenbergbau die Gesamtlast des Nachfragerückgangs zu tragen hatte. Die Importe, die – abgesehen von einzelnen Verbrauchern in Küstengebieten – stets nur dazu gedient hatten, den Spitzenbedarf zu decken, waren plötzlich durch die vertraglichen Bindungen in die Grundlastversorgung gedrängt, die sie längerfristig nicht gewährleisten konnten. Die Regierung mußte die Einfuhr von Drittlandskohle entliberalisieren.

Maßgebend für die Zustimmung des Bundestages zu dieser schwierigen Entscheidung war die Bereitschaft des Steinkohlenbergbaus, dem Verbraucher zum selben Preis inländische Kohlen gleicher Qualität zu liefern und den Handel zu entschädigen. Insgesamt nahm der deutsche Bergbau Einfuhranrechte über mehr als 23 Mio t Drittlandskohle aus dem Markt. Langfristige Lieferverträge über ein Importvolumen von etwa 10 Mio t wurden abgelöst und dadurch zusätzlicher Absatz für die inländische Kohle geschaffen. Die Aufwendungen des deutschen Steinkohlenbergbaus für diese Aktion betrugen über 300 Mio DM.

In den Folgejahren bis Ende 1980 wurde die Importregelung beibehalten. Die jeweiligen Änderungen bezogen sich im wesentlichen auf Anpassungen der Kontingenthöhe. Durch die Kontingentierung wurden die Einfuhren auf ein energiepolitisch vertretbares Niveau vermindert. Ohne diese Maßnahme hätte die Steinkohlenförderung wesentlich stärker zurückgenommen werden müssen, und die Kapazitäten, die heute wieder dringend benötigt werden, stünden nicht mehr zur Verfügung. Dem energiepolitischen Instrument kam dabei seine hohe Flexibilität zugute, die ablesbar ist an der unterschiedlichen Höhe der Kontingente in den einzelnen Jahren. Sie schwankten zwischen 5 und 9 Mio t, konnten also den unterschiedlichen Bedürfnissen angepaßt werden. Das wird noch unterstrichen durch die Tatsache, daß die Kontingente überwiegend nicht voll ausgeschöpft worden sind.

Durch das Zollkontingentgesetz vom 25. August 1980 wurde die Einfuhrregelung völlig neugestaltet.

Im Frühjahr 1980 einigten sich die deutsche Elektrizitätswirtschaft und der deutsche Steinkohlenbergbau über den zukünftigen Einsatz von Steinkohle in Kraftwerken bis zum Jahre 1995. Da der neue Vertrag auch eine Vereinbarung über einen begrenzten Einsatz von Drittlandskohle in Kraftwerken enthält, wurde für das ursprünglich 1982 auslaufende Gesetz eine vorzeitige Neuregelung erforderlich. Sie wurde aber auch deshalb notwendig, weil der Importkohle in Zukunft wachsende Bedeutung zukommt, insbesondere zur Substitution von Öl und zur Kohleveredlung. Diese Aufgabe kann die Importkohle nur dann erfüllen, wenn die deutschen Verbraucher die Möglichkeit erhalten, auf dem Weltmarkt rechtzeitig langfristige Investitions- und Lieferverträge abzuschließen. Dieser Zielsetzung wird das Gesetz durch folgende wesentliche Änderungen gerecht:
– Verlängerung um fünfzehn Jahre;
– erhebliche Erhöhung der Kontingente;
– die bisher allein auf die Importeure beschränkte Einfuhrberechtigung geht grundsätzlich auf die Verbraucher über. Der Verbraucher kann selbst einführen oder sich dabei eines Importeurs bedienen.

Abbildung 6 gibt einen Überblick über die gesetzlichen Einfuhrmöglichkeiten.

Das neue Zollkontingentgesetz bildet einen Rahmen für den Import von Drittlandskohle bis zum Jahre 1995. Damit wird, entsprechend der Zielsetzung des Gesetzes, den deutschen Verbrauchern die Möglichkeit gegeben, sich langfristig den Zugang zur Importkohle zu sichern und damit die Abhängigkeit vom Mineralöl zu vermindern. Gleichzeitig ist eine Form gefunden, die die Vorrangstellung der deutschen Kohle abstützen soll.

Künftiger Energiebedarf

Man schätzt, daß der Weltbedarf an Kohle von heute knapp 3 Mrd. t/Jahr bis Ende dieses Jahrhunderts auf 5 bis 7 Mrd. t ansteigt. Ich persönlich halte den unteren Wert dieser Spanne für wahrscheinlicher. Wie unsicher aber diese Zahlen sind, mag für unser Land am Beispiel drei verschiedener theoretischer Alternativen über den Energiebedarf erläutert werden.

Die Entwicklung seit der ersten Energiekrise im Jahre 1973 bis heute kann als *Energiezyklus* bezeichnet werden. Als erste Reaktion auf die Ölpreissteigerung fanden Öleinsparungen und Substitution statt, und alle Welt arbeitete an der Erforschung alternativer Energien.

Der Ölpreissprung hat aber auch das Leistungsbilanzgleichgewicht der Industrienationen gestört, die Inflation gefördert und zur rezessiven Wirtschaftstätigkeit geführt. Die Folge waren real sinkende Ölpreise und damit nachlassendes Interesse an der Energieeinsparung sowie an der Entwicklung von alternativen Energien.

Andererseits aber begünstigten die sinkenden Ölpreise die konjunkturelle Belebung ab 1976. Das führte 1979/80 zu einem weiteren verstärkten Energiebedarfsschub, und es war der Zustand des Jahres 1973/74 im Zyklus wieder erreicht. U. a. zeigt sich (Abbildung 7) für die Jahre 1973/74 eine starke Entkopplung der bekannten Zusammenhänge zwischen Bruttosozialprodukt und Primärenergieverbrauch; ab 1976 gilt wieder ein vollkommenes Parallellaufen beider Kennwerte und 1979/80 erneute Entkopplung. Insgesamt führte die Wirtschafts- und damit Energiemarktentwicklung bei einer Abfolge nach diesem Szenario „Energiezyklus" zu einer sehr schwachen Entwicklung des realen Bruttosozialproduktes, einer schwachen Neigung zur Investitions- und zur Innovationstätigkeit und zu einem sinkenden Primärenergieverbrauch.

Diesem Modell steht als anderes Extrem eine wirtschaftliche Entwicklung gegenüber, die *Energiemarktgleichgewicht* genannt werden soll. Dieses Szenario geht von der Voraussetzung aus, daß sich die künftige Entwicklung von alternativen Energien, die Energieeinsparung und die rationale Energienutzung nicht durch das wechselnde Energieangebot beeinflussen lassen. Von einem ausgewogenen, diversifizierten Energiemarkt und einer anhaltenden Entkopplung der Entwicklung von Energieverbrauch und Bruttosozialprodukt werden ungleich weniger Störungen der Wirtschaft erwartet. Es ist ferner unterstellt, daß sich das Ölpreisniveau kontinuierlich und zwar aus gutem Grund etwas stärker als die allgemeine Inflationsrate, anhebt. Man hat dieser Entwicklung der Energiepreise auch die Bezeichnung „Rampentheorie" gegeben, und man ist überzeugt, daß ein gleichmäßiges maßvolles Anwachsen der Energiepreise von der Wirtschaft und den energieimportierenden Ländern am besten verkraftet werden kann. Dieses Szenario setzt nicht voraus, daß sich ein Wirtschaftswachstum entwickelt, das sich mit dem in der Vergangenheit messen könnte. Aber eine stärkere Zunahme der Kernenergie, eine gleichmäßige Entwicklung des Strukturwandels „Weg vom Öl" und der sonstigen positiven Einflüsse der allgemeinen Wirtschaftsentwicklung werden sowohl den gesamten Energiebedarf als auch die Nachfrage nach Steinkohle wesentlich stärker beleben.

Zwischen beiden Modellen steht das Szenario *Verspätetes Energiemarktgleichgewicht*, eine Synthese beider Szenarien, bei der unterstellt wird, daß dieses erwünschte Gleichgewicht sich erst nach einem dritten Ölpreissprung, etwa in der zweiten Hälfte dieses Jahrzehnts, einstellen wird, weil dann – und ich muß sagen endlich – ein allmählicher Lernprozeß bei Energieerzeugern und Energieverbrauchern einsetzt. Man kann diese drei Szenarien mit Zahlen ausfüllen und erhält für den gesamten Energieverbrauch unseres Landes für das Jahr 2000 Verbrauchszahlen zwischen 375 bis 430 Mio t SKE (Abbildung 8) und für den gesamten Steinkohlenverbrauch im Inland Werte zwischen 88 bis 123 Mio t SKE (Abbildung 9). Ich bin im folgenden etwa von der Mittellinie ausgegangen.

Steinkohlenlagerstätten der Exportländer und Risiken im Weltkohlemarkt

Die Steinkohlenlagerstätten der wichtigsten Bergbauproduktion mit Exportpotential sind in den Abbildungen 10 bis 15 dargestellt. Es handelt sich um die Vereinigten Staaten, Kanada, Kolumbien, Südafrika und Australien, hinzu kommen noch Polen und die Bundesrepublik Deutschland. Es kann erwartet werden, daß die Förderkosten in den außereuropäischen Ländern nachhaltig unter denen des europäischen Bergbaus liegen werden.

Es wird aber der Export aus diesen Ländern immer mit einer Reihe von Risiken verbunden sein. Die Engpässe in den Verschiffungshäfen der Ostküste Nordamerikas und Australiens waren wohl nur vorübergehender Natur. Vereinfacht dargestellt: Das Jahr 1980 hat mit einem Export von 70 Mio t aus USA sehr große Schwierigkeiten durch lange Überliegezeiten in den Exporthäfen zur Folge gehabt, die im Laufe des Jahres 1981 trotz eines Anstiegs des Exports auf über 100 Mio t allmählich ganz verschwanden. Ein zweiter Unsicherheitsfaktor ist der Dollarkurs. Abbildung 16 zeigt seine Entwicklung, die uns allen vertraut ist. Auch die Ausschläge bei den Frachtraten sind außerordentlich groß. Wie Abbildung 17 zeigt, haben sie in den letzten dreißig Jahren zwischen 3,50 und 16 $/lgt gelegen.

Schließlich muß man zwischen den Kosten und der Preisentwicklung wohl unterscheiden. Abbildung 18 zeigt, daß in den letzten zehn Jahren große Preisunterschiede als Folge der Marktentwicklung zu beobachten waren. Exportrestriktionen durch politische Entscheidungen, Kriege oder Streiks haben in der Vergangenheit häufig den auf Kohleimport angewiesenen Verbraucher vor Schwierigkeiten gestellt. Der letzte Streik im deutschen Steinkohlenbergbau war im Jahre 1925. Daß bei diesen Weltmarktpreisen die zeitweise teurere deutsche Kohle gute Marktchancen auf dem Weltmarkt behalten hat, ist durch die besonders gute Qualität vor allem der Kokskohle zu erklären.

Unser wichtigstes Exportland, die USA, verfügt zwar über gewaltige Energievorräte. Die Kohlevorräte mit niedrigem Schwefelgehalt sind aber in den östlichen und mittleren Lagerstätten nur in geringem Umfang vertreten. Die schwefelarmen und im Tagebau billig abbaubaren Vorräte der Westregionen kommen infolge der schwierigen und teuren Transporte zu den Seehäfen vorerst noch nicht in Betracht.

Alle diese Nachteile lassen sich durch eigenes Engagement in den Erzeugerländern, durch die Kohleverbraucher und durch die Kohleproduzenten aus dem eigenen Land verringern. Die entscheidende Hilfe in diesen Schwierigkeiten kann aber nur in der Diversifizierung der Kohleversorgung aus verschiedenen Teilen der Erde sein. Und hierzu bieten die Kohlenlagerstätten ungleich bessere Voraussetzungen als Öl und Gas. Im Gegensatz zu den vorübergehenden Engpässen in der Hafenkapazität der Exportländer haben die europäischen Importländer für ausreichende Hafenkapazität für Schiffe mit hoher Tragfähigkeit vorgesorgt. Das ist in Abbildung 19 leicht zu erkennen.

Abbildung 20 zeigt die Ströme der Aus- und Einfuhr von Steinkohle in der Welt im Jahre 1982. Ausfuhrländer sind die USA mit 98 Mio t, Australien mit 49 Mio t, Polen mit 31 Mio t, UdSSR mit 23 Mio t und die Bundesrepublik Deutschland mit 15 Mio t (vgl. Abbildung 21). Die wichtigsten Importländer waren Japan und das übrige Westeuropa.

Das Jahr 2000 zeigt ein wesentlich weniger ausgewogenes Bild. Alle großen Kohlenproduzenten exportieren in einer ganz anderen Größenordnung, und der Kohlebedarf im Weltkohlenhandel verteilt sich über die ganze Welt. Das wird aus Abbildung 22 deshalb nicht so deutlich, weil nur die wichtigsten Länder aufgeführt sind. Aber Europa und Japan nehmen als Kohleimporteure eine ganz überragende Position ein.

Auf die Position Europas gilt es, sich langfristig wirtschaftlich und politisch einzustellen. Aus meiner Erfahrung als aktiver Bergmann im europäischen Bergbau würde ich diese Bemühung unter die Überschrift stellen: „Kohleimporte werden durch eine angemessene heimische Produktion erst richtig schön."

Der Weltkohlenhandel 35

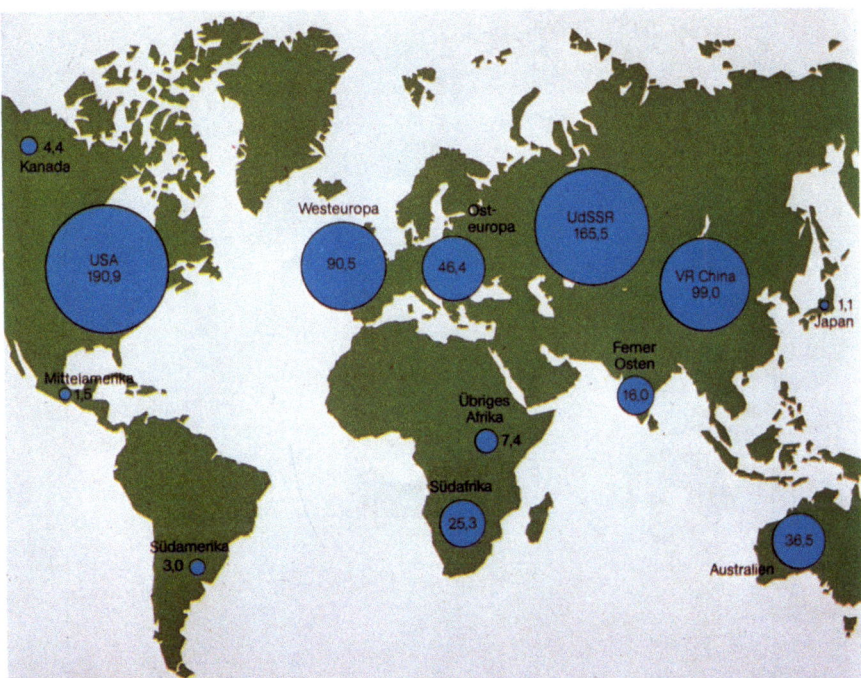

Abb. 1: Weltvorräte an Kohle

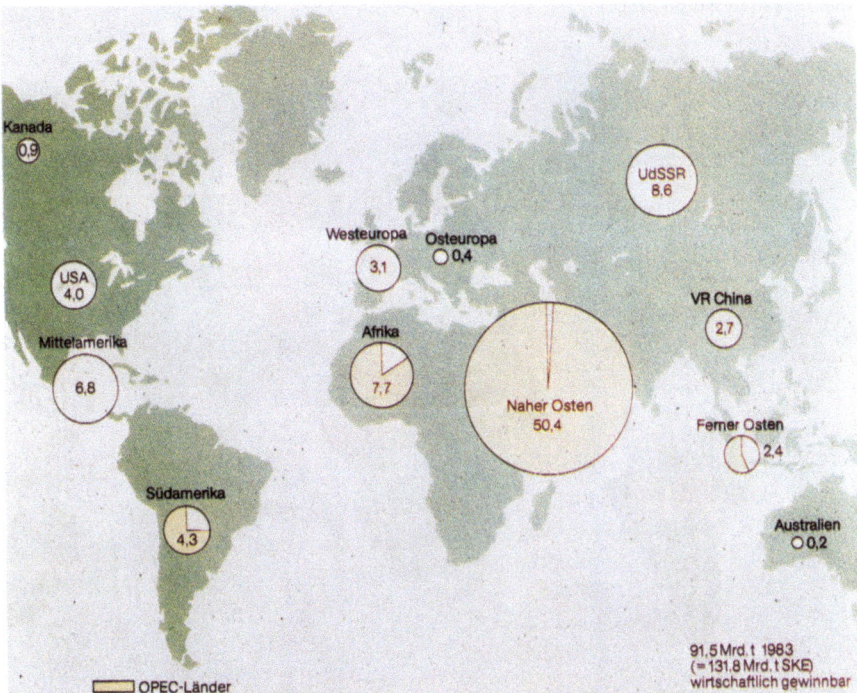

Abb. 2: Weltvorräte an Erdöl

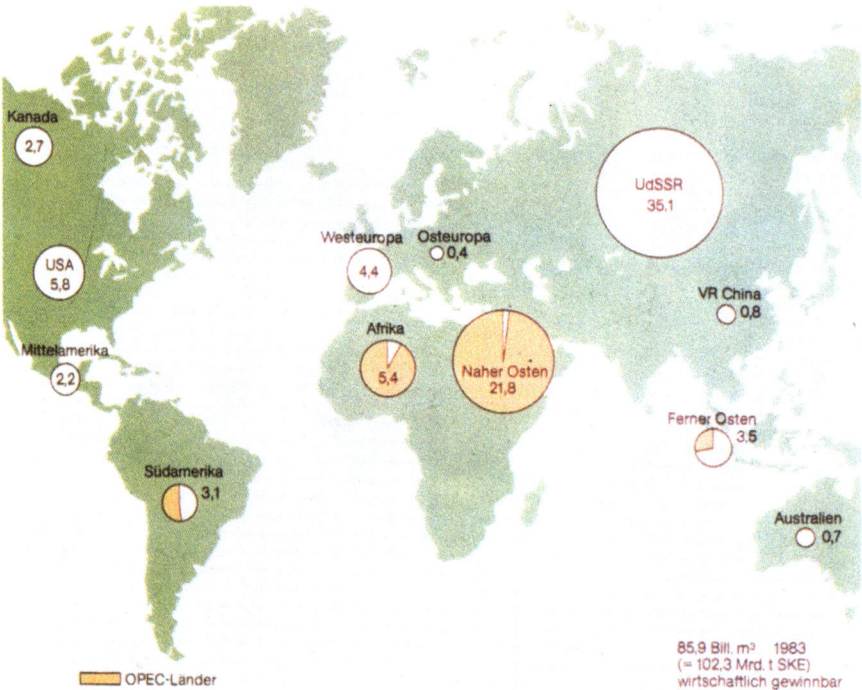

Abb. 3: Weltvorräte an Erdgas

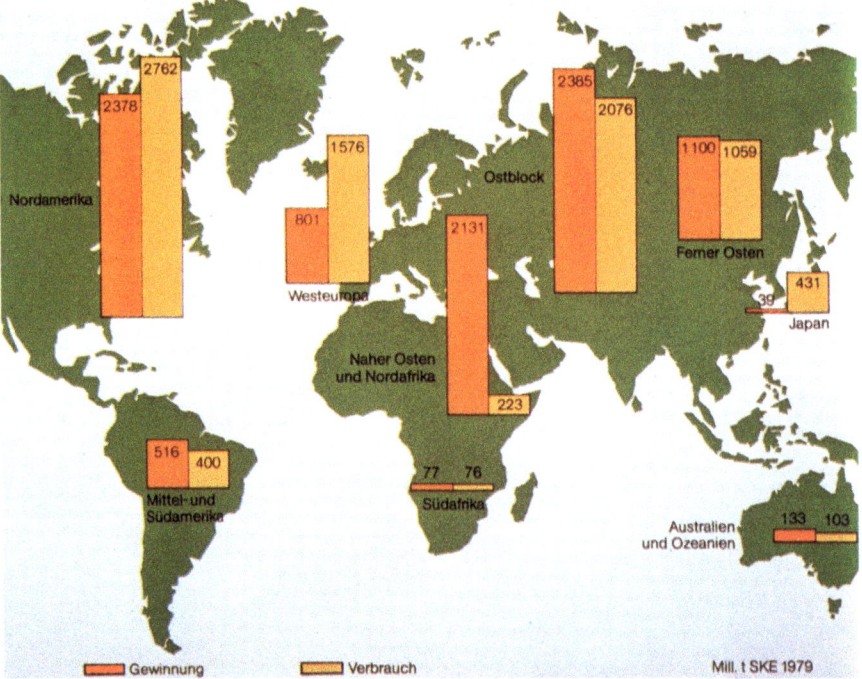

Abb. 4: Produktions- und Verbrauchszentren von Primärenergie in der Welt

Der Weltkohlenhandel 37

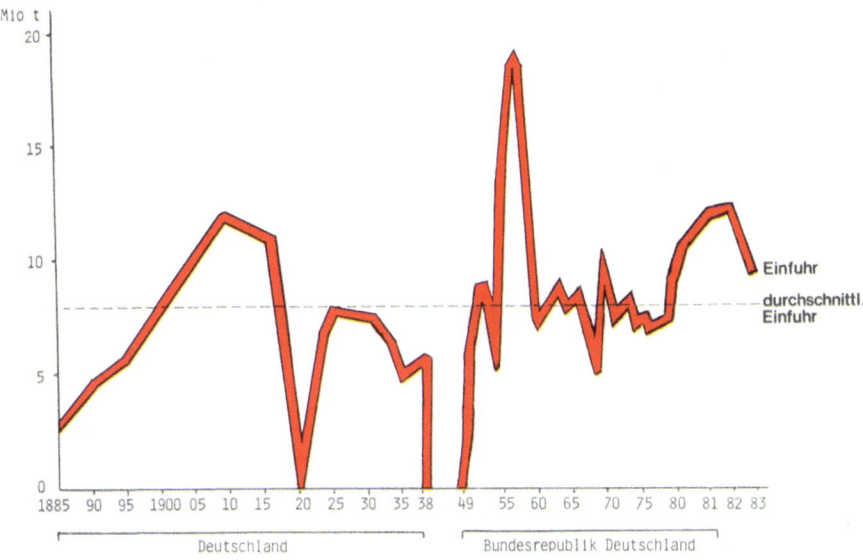

Abb. 5: Deutsche Einfuhr von Steinkohle und Steinkohlenkoks 1885–1983

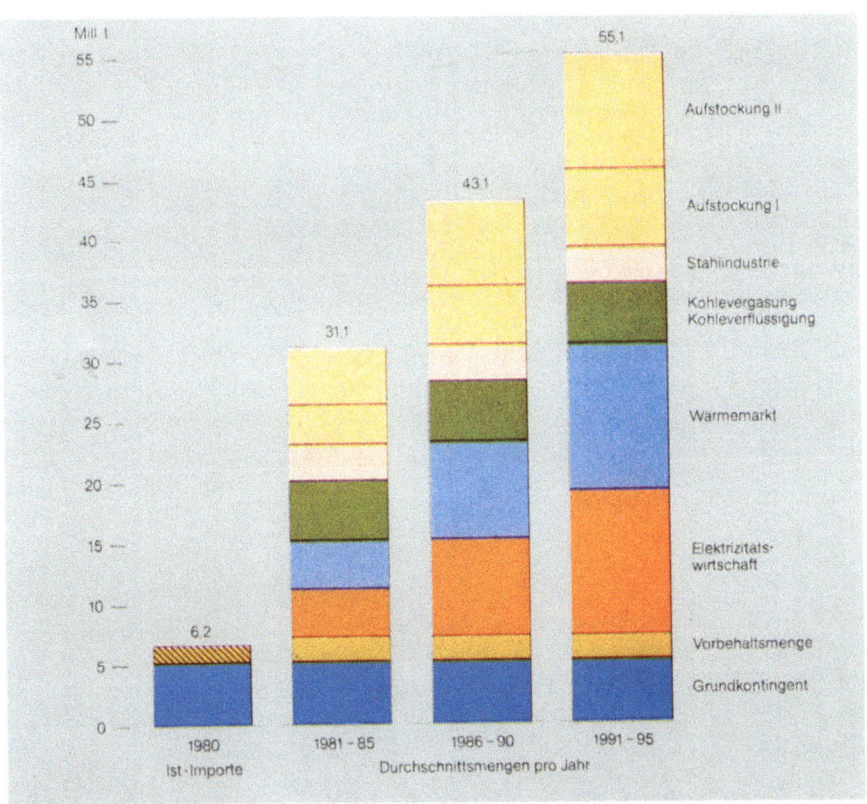

Abb. 6: Importkontingente nach Zollkontingentgesetz

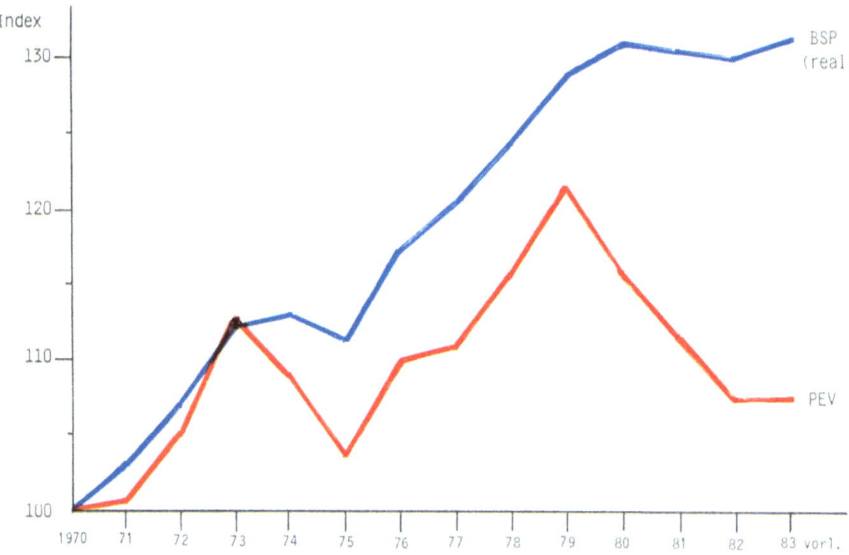

Abb. 7: Entkopplung Bruttosozialprodukt/Primärenergieverbrauch (Bundesrepublik Deutschland)

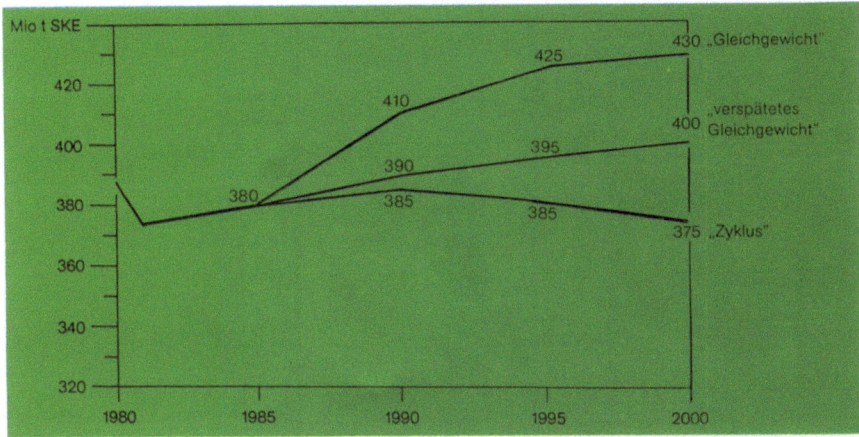

Abb. 8: Entwicklung des Primärenergieverbrauchs in der Bundesrepublik Deutschland

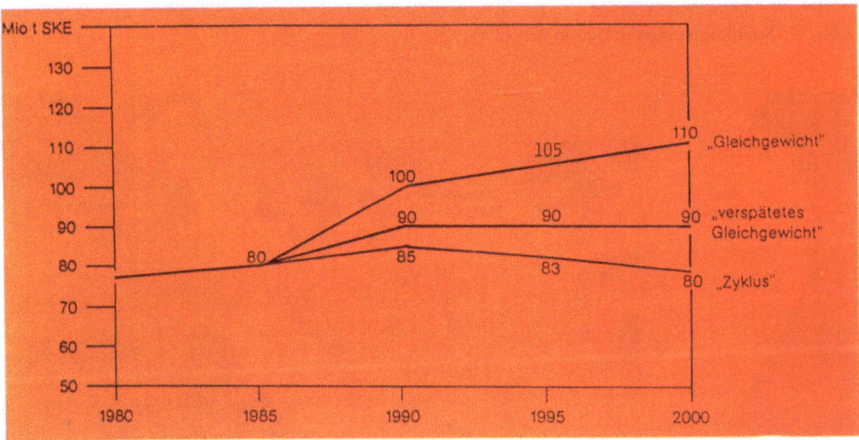

Abb. 9: Entwicklung des Steinkohlenverbrauchs in der Bundesrepublik Deutschland

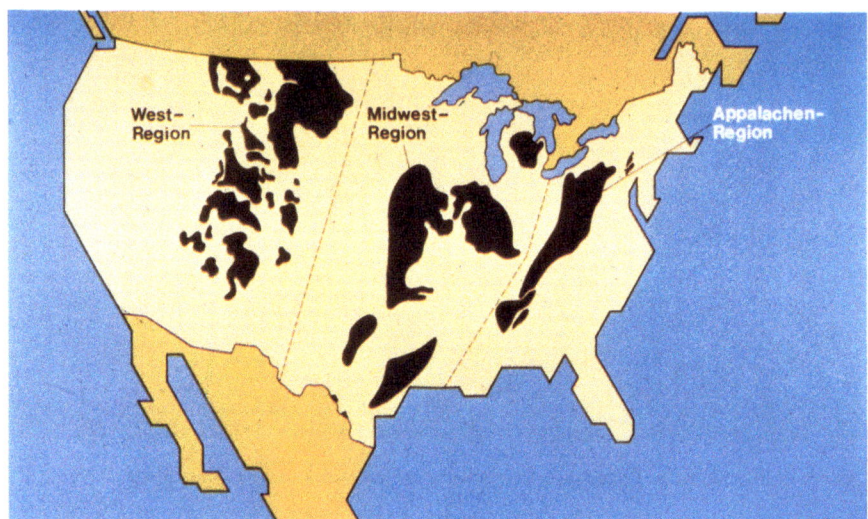

Abb. 10: Steinkohlenlagerstätten in den USA

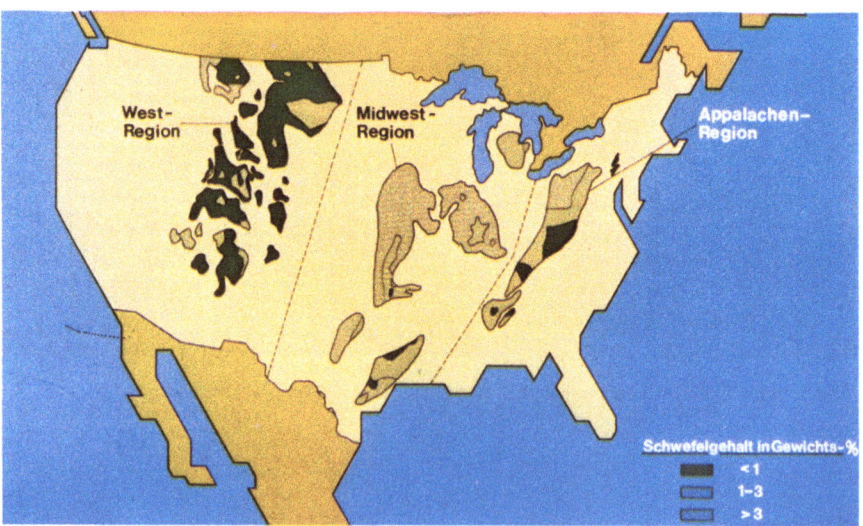

Abb. 11: Steinkohlenlagerstätten in den USA – Schwefelgehalte –

Der Weltkohlenhandel

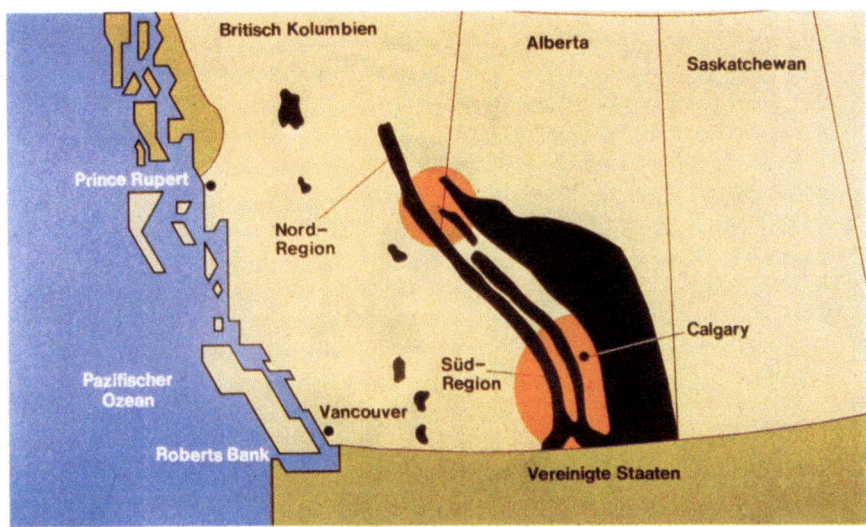

Abb. 12: Steinkohlenlagerstätten im westlichen Kanada

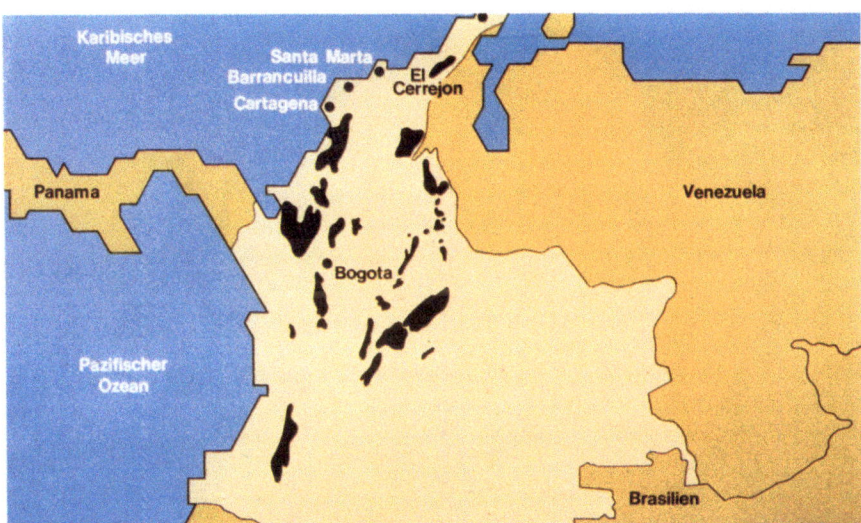

Abb. 13: Steinkohlenlagerstätten in Kolumbien

Abb. 14: Steinkohlenlagerstätten in Südafrika

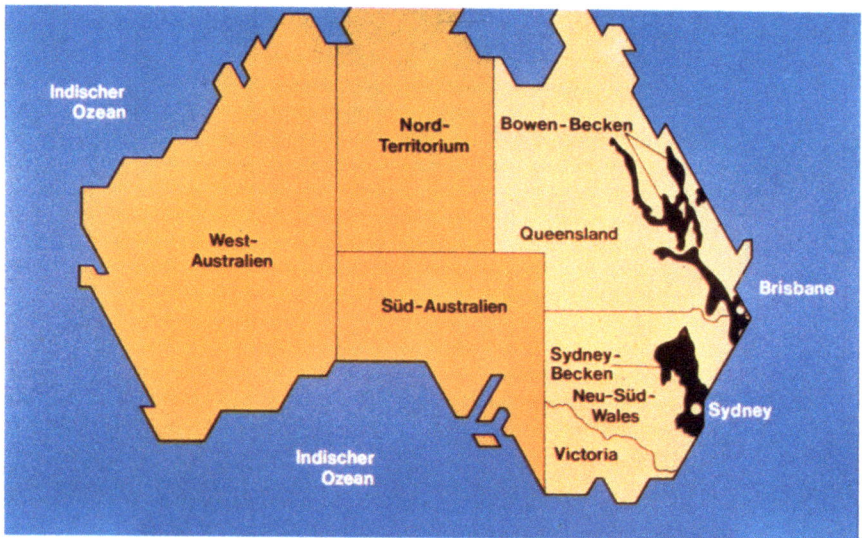

Abb. 15: Steinkohlenlagerstätten in Australien

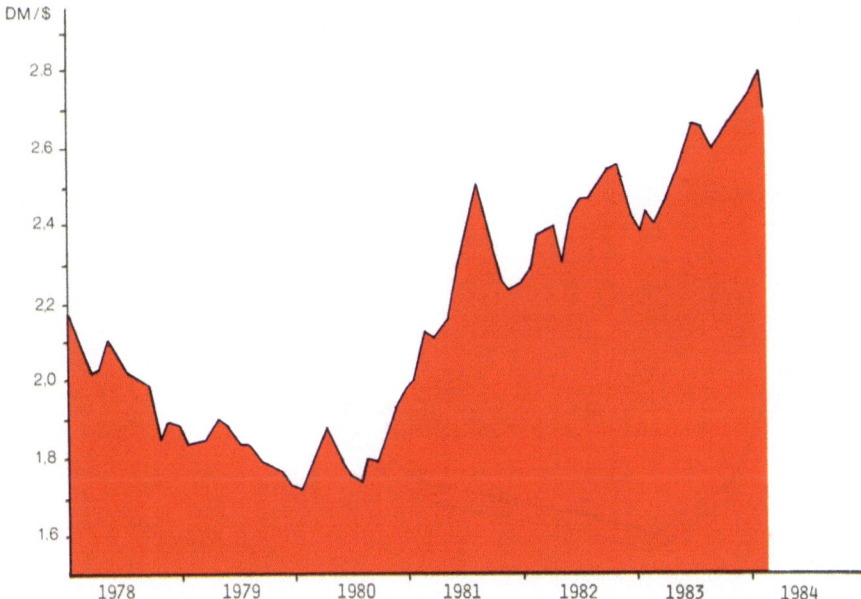

Abb. 16: Dollar-Kurs 1978–1984

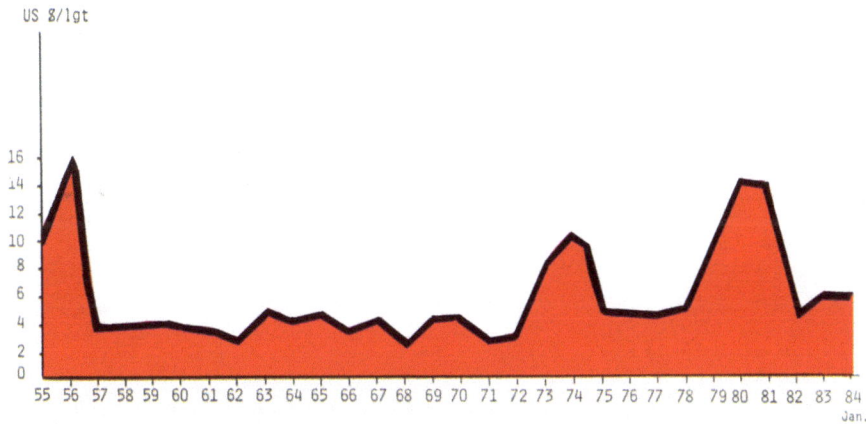

Abb. 17: Frachtraten für Einzelreisen von Hampton-Roads nach ARA-Häfen

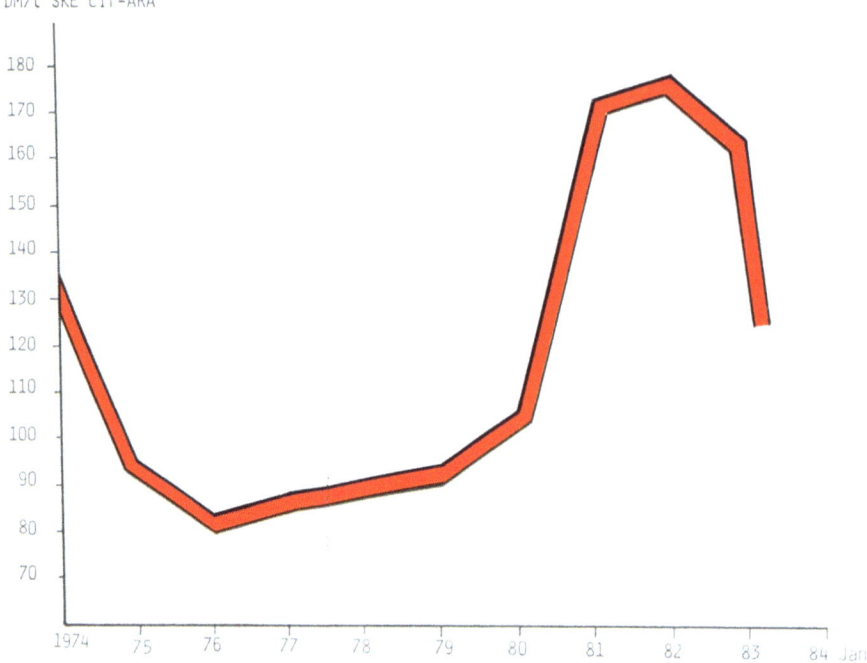

Abb. 18: Vertragspreise für importierte Kraftwerkskohle (USA)

Der Weltkohlenhandel

Abb. 19: Bedeutende Steinkohlen-Importhäfen in Westeuropa

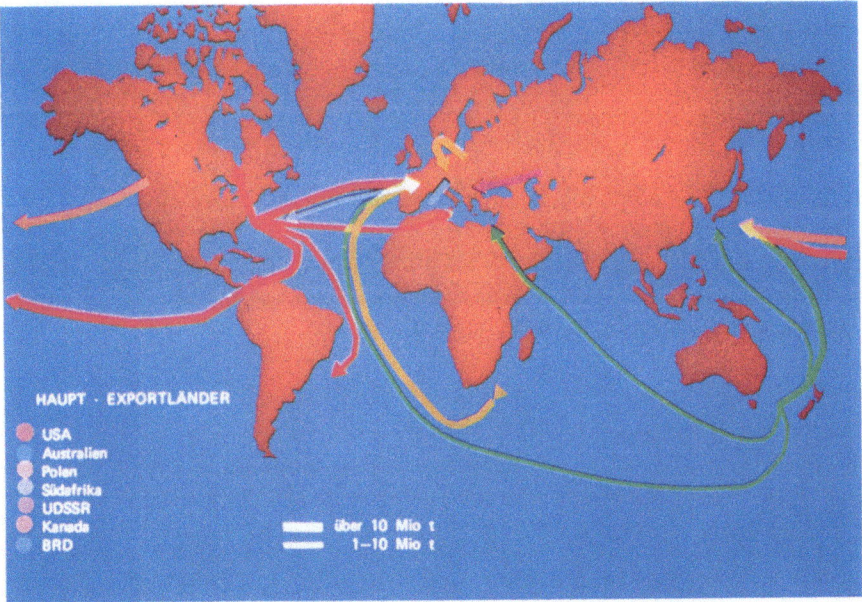

Abb. 20: Der Welthandel mit Steinkohle im Jahr 1982

	Ausfuhr	Einfuhr
USA	98	1
Australien	49	–
Polen	31	–
Südafrika	27	–
UdSSR	23	10
Kanada	16	16
Bundesrepublik Deutschland	15	12
Großbritannien	10	5
übr. Westeuropa	3	107
Sonstige	14	135
	286	286

Abb. 21: Ausfuhr und Einfuhr von Steinkohle 1982 (in Mio t)

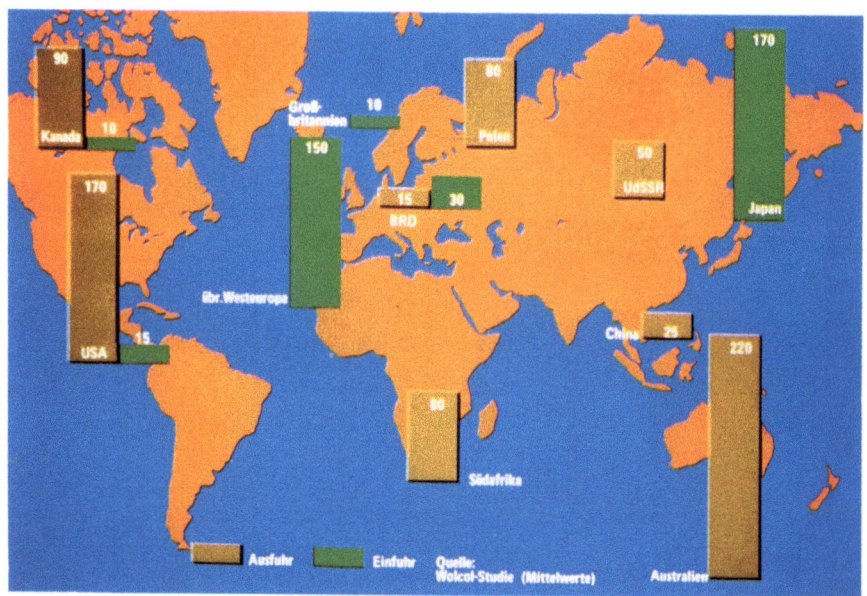

Abb. 22: Ausfuhr und Einfuhr von Steinkohle 2000 (in Mio t)

Diskussion

Herr Kick: Gibt es auch Kohlenvorräte zum Beispiel unter dem Eis, also an der Polkappe des Südpols in der Antarktis? Ich hörte auch einmal etwas von Grönland, Spitzbergen usw., wo es auch Kohlenvorräte gibt. Weiß man, wie groß etwa diese Kohlenvorräte sind?

Herr Batzel: Die erste Frage ist leicht zu beantworten, nämlich mit ja. Die Größe dieser Vorräte ist aber noch absolut unerforscht. Noch problematischer – und das gilt auch für das Öl – ist die Gewinnung. Es gibt aber schon Steinkohlenbergwerke mit Schächten, die in der ewigen Frostregion arbeiten, so daß man fest damit rechnen kann, daß auch diese Vorräte eines Tages der Energieversorgung dienen werden.

Herr Schreyer: Ich hörte kürzlich, daß in dem kohlearmen Land Schweiz riesige Kohlenlagerstätten unter den Alpen durch eine Tiefbohrung gefunden worden sind; ich kann allerdings nicht genau sagen, in welcher Tiefe. Jedenfalls wurde aber von sehr mächtigen Flözen berichtet. Halten Sie es für möglich, daß das auszubeuten ist und irgendwie in den europäischen Markt hineinpaßt?

Herr Batzel: Diese Frage berührt die Kohlenproduktion der zweiten Generation. In der Bundesrepublik Deutschland befinden sich in großer Teufe bis zur Nordsee hinauf mehr Kohlenvorräte, als die Ölvorräte der gesamten OPEC ausmachen. Mir ist das Vorkommen in der Schweiz nicht bekannt, aber zweifellos gibt es auf der ganzen Welt in großer Teufe noch viel Carbongestein mit mächtigen Flözen. Mehrere Länder beschäftigen sich schon über Jahrzehnte hinweg mit der Kohlevergasung in situ. Die Entwicklung dieser Technik macht aber nur sehr langsame Fortschritte.

Herr Eichhorn: Herr Batzel, können Sie etwas zu den Hintergründen der Import-, Exportsituation in der Bundesrepublik sagen, die ja nach Ihren Bildern sehr ausgeglichen ist? Kohle wird eingeführt und ausgeführt. Was sind die Hintergründe?

Herr Batzel: Der Grund dafür, daß Kohle eingeführt und gleichzeitig ausgeführt wird, liegt in der Qualität der verschiedenen Kohlearten. Es geht fast nur Kokskohle hinaus. Die deutsche Kokskohle hat einen hohen Inkohlungsgrad, ist besonders gut zur Koksherstellung geeignet und ist auch geeignet, in Mischung mit weniger guter Kohle noch brauchbaren Koks zu ergeben. In Südafrika wurde z. B. über längere Zeit aus einer Mischung von 10% Ruhrkohle und 90% billiger heimischer Kohle, die sich alleine zur Koksherstellung nicht eignet, ein brauchbarer Koks hergestellt. Nach Nordamerika wird in letzter Zeit weniger Kokskohle als vielmehr Koks exportiert. Umweltbestimmungen und die Knappheit an Investitionsmitteln in der Stahlindustrie haben die Kokereikapazitäten zusammenschrumpfen lassen, so daß die amerikanische Stahlindustrie mit Koks aus eigenen Kokereien nur so lange versorgt werden kann, wie sie bis etwa 75% beschäftigt ist. Die weitere Produktion ist nur auf der Basis importierten Kokses möglich. Im allgemeinen gehören die Kokereien zu den Stahlwerken. Es gibt nur eine Ausnahme von größerer Bedeutung, die Ruhrkohle AG, die mit 16 Mio t/a einer der größten Koksproduzenten ist.

Importiert wird vor allem Kraftwerkskohle, die in der Welt billig zu haben ist. Nach dem „Jahrhundertvertrag" hat sich die deutsche Elektrizitätswirtschaft verpflichtet, in steigendem Umfang Festmengen abzunehmen. In Abhängigkeit von der Beschäftigung der Kohlekraftwerke werden die Spitzenmengen importiert.

Herr Krelle: Sie haben uns vorgeführt, daß im Grunde für die weitere Energieversorgung genug Kohle auf der Welt vorhanden ist. Aber wir haben hier zum Beispiel von Herrn Kollegen Flohn einen Vortrag über die Folgen des Ansteigens des CO_2-Gehalts in der Luft gehört. Herr Haefele hat hier einmal einen Methanolkreislauf vorgeschlagen, andere haben einen Wasserstoffkreislauf ins Auge gefaßt, um das Ansteigen des CO_2-Gehalts in der Luft zu vermeiden.

Wir müssen uns also doch überlegen, ob wir, selbst wenn wir genügend Kohle haben, soviel CO_2 in die Luft blasen sollen oder ob wir nicht sehen müssen, früher oder später zu einem Kreislauf zu kommen, statt den CO_2-Gehalt permanent ansteigen zu lassen.

Nun möchte ich Sie fragen: Hat eigentlich der Bergbau Überlegungen angestellt, ob es möglich ist, einen CO_2-Kreislauf herzustellen wie einen Methanolkreislauf, den Herr Haefele einmal vorgeschlagen hat?

Herr Batzel: Gewiß, aber das ist eine Frage, die das Öl ebenso angeht wie die Kohle und vor allem die Energieverbraucher. Hinzu kommt das große Problem der Umweltbelastung aus den Nachbarländern. Die Entwicklung solch neuer Technologien, an der auch die Bergbauforschung arbeitet, ist eine große Aufgabe, die leider sehr viel Zeit benötigt.

Herr Pischinger: Die erste von zwei Fragen, die ich habe, ist: Wie sieht es, insbesondere in den schwer zugänglichen Gebieten, mit der Veredlung der Kohle vor Ort aus, um sie dann in veredelter Form zu transportieren? Ich denke da an Vergasung und Verflüssigung. Das ist natürlich etwas Zukunftsmusik, aber wenn heute der Kohlenhandel sehr stark expandiert und man in diese Expansion viel investiert, sich dann jedoch die Veredlung vor Ort als wirtschaftlich interessanter herausstellt, weil der Transport flüssiger veredelter Stoffe ja immer wesentlich günstiger ist, dann könnte es sein, daß diese Investitionen nicht sehr langfristig genutzt werden können. Können Sie dazu etwas sagen?

Meine zweite Frage ist eine kritische Frage: Wie steht es mit der Wettbewerbsfähigkeit der deutschen Steinkohle in Wirklichkeit? Sie ist natürlich – das wissen wir ja, und Sie haben das auch erwähnt – durch Verträge sicherlich zu Recht protektionistisch abgesichert. Aber wenn sie völlig frei auf dem Weltmarkt gehandelt würde, wenn es keine Zollschranken und keine Verträge gäbe, die eingehalten werden müssen, wie würde sie dann dastehen? Könnte sie sich dann preislich behaupten?

Herr Batzel: Kritische Fragen sind immer besonders gute Fragen, deshalb fange ich mit der zweiten Frage an. Im letzten Jahrzehnt war die Kokskohle der Bundesrepublik nur in zwei Jahren billiger als importierte Kokskohle. Heimische Kraftwerkskohle ist in dieser Zeit immer teurer gewesen. Es ist eine politische Frage, ob man die Energieversorgung alleine marktwirtschaftlichen Regeln überlassen kann. Ich bin der Meinung, daß die erste Tonne Energie, die fehlt, so teuer wird, daß wir auf eine angemessene heimische Produktion nicht verzichten sollten. Die vielen Antworten auf diese Frage sahen im Jahre 1975 ganz anders aus als noch im Jahre 1973 und auch wieder anders als im Jahre 1983.

Kohlevergasung und -verflüssigung haben ganz zweifellos eine große Zukunft. Sie erinnern sich an das Bild, mit dem ich die Entkopplung von Bruttosozialprodukt und Primärenergieverbrauch gezeigt habe (Abbildung 7). In beiden Fällen hat sich alle Welt auf die Kohleveredelung gestürzt. Als dann das Öl wieder reichlich zur Verfügung stand, ließen die Aktivitäten wieder nach. Südafrika und unser Land haben sich dadurch nicht beirren lassen. Ich rechne damit, daß erst im nächsten Jahrhundert größere Mengen benötigt, dann aber auch zur Verfügung stehen werden.

Herr Kick: Den Kohlenstoffkreislauf, der vorhin angesprochen wurde, gibt es schon in der Natur. Wir wissen, daß die Photosynthese stark vom CO_2-Gehalt der Atmosphäre abhängig ist. Die normalen Gehalte liegen bei 0,03 Volumenprozent, und aus Gewächshausversuchen weiß man, daß man bei bis zu 0,1% unter den dort herrschenden Bedingungen eine erhebliche Steigerung der Photosynthese bekommt. Es ist also gar nicht ausgeschlossen, daß das CO_2 aus den Großfeuerungsanlagen sich dort hin bewegt, wo angeblich das SO_2 jetzt die Schäden verursacht, so daß dann, wenn die schweflige Säure durch die Entschwefelung ausgeschaltet wird, zum Teil der Wald wieder besser wächst. Das ist gar nicht ausgeschlossen. Im Holz wird in Größenordnungen von 4 bis 20 cbm Holz pro Jahr ein beachtlicher Teil des assimilierten Kohlenstoffs auf Jahrzehnte festgelegt.

Ich halte es also für durchaus denkbar, daß hier eine gewisse Regulierung eingreift und CO_2 wieder abgeschöpft wird, das wir jetzt in großen Mengen hinauspusten, und zwar nicht nur durch den Wald, sondern auch durch die gesamte Vegetation. Das ist noch nicht irgendwie quantitativ erfaßt, aber denkbar ist das durchaus.

Herr Mückenhausen: Zum Kohlenstoffkreislauf kann ich noch ergänzen, daß meines Wissens die Deutsche Forschungsgemeinschaft schon vor vielen Jahren in dieser Hinsicht ein Forschungsprojekt gestartet hat, an dem besonders das Geologische Institut in Hamburg beteiligt ist.

Ich darf aber noch eine andere Frage aufgreifen. Es ist zunächst für den Zuhörer nicht so recht verständlich, warum ein Land Kohle ausführt und Kohle einführt. Sie haben erläutert, daß das mit den Qualitäten zusammenhängt, um darin einen Ausgleich zu schaffen. In Kanada zum Beispiel hängt es auch davon ab, wie weit von einem Kohlegebiet der Hafen entfernt ist. Im mittleren Kanada wird wegen großer Entfernung der eigenen Kohle der Bedarf aus den näherliegenden Kohlegebieten der USA gedeckt. Es ist aber erstaunlich, daß ein Land wie die UdSSR, das doch an vielen Stellen Kohlevorkommen hat, wenn die Entfernungen zum Verbraucher auch immer sehr groß sind, gleichzeitig Einfuhren und Ausfuhren hat.

Herr Batzel: In den Staatshandelsländern gibt es in dieser Hinsicht in der Tat Ungereimtheiten. Zum Teil liegen die Gründe in der logistischen Optimierung. So ist es verständlich, wenn die Stahlindustrie von Jugoslawien am Mittelmeer die Kohle lieber importiert, als sie aus Sibirien zu beziehen. Es gibt aber auch andere aus der Planwirtschaft heraus begründete Vorgänge, die wir nicht so gut verstehen. Der Export von Düngemitteln aus der UdSSR zur Devisenbeschaffung führte zu einem Ernteausfall, der ein Mehrfaches an Devisen für den Getreideimport notwendig machte.

Herr Mückenhausen: Dazu nur noch eine ergänzende Bemerkung: Zur gleichen Zeit, als die UdSSR diese großen Mengen an Stickstoff ausführte, auch nach Mitteleuropa, wurden dort pro Hektar und Jahr nur etwa 1 oder 2 kg angewendet, während damals in Mitteleuropa 80 bis 120 kg pro Hektar und Jahr angewendet wurden.

Herr Flohn: Ich möchte gerne noch einmal auf das Problem Rußland zurückkommen. Sie haben hier nur über den Kohlenhandel gesprochen und deshalb Rußland nicht berücksichtigt. Eigenartig für den Energie- und CO_2-Spezialisten ist die Tatsache, daß Rußland zwar eines der an Kohle reichsten Länder ist und Erdgas in großen Mengen ausführt, aber gleichzeitig (und mit nachdrücklicher Propaganda) serienweise Kernkraftwerke baut, um Kohle zu sparen. Haben Sie dafür irgendeine Erklärung?

Herr Batzel: Nachdem ich soeben etwas Negatives festgestellt hatte, möchte ich nun sagen, daß ich diese Entwicklung für gut und weitschauend halte. Sämtliche Möglichkeiten der Energieversorgung werden benötigt. Hinzu kommt, daß Entwicklungen auf dem Gebiet der Kernenergie politische und militärische Bedeutung haben.

Herr Schreyer: Welche Rolle spielt eigentlich die Kohle von Spitzbergen im Weltkohlenhandel, wenn überhaupt?

Herr Batzel: Die Menge ist nicht groß. Ich weiß nicht genau, wieviel dort zur Zeit produziert wird; es mögen 1 bis 2 Mio t/a sein; damit werden nur nordeuropäische Länder versorgt.

Herr Fettweis: Ich möchte gerne an das anknüpfen, was ich im Anschluß an den ersten Vortrag gesagt habe. Wir haben ja jetzt Energie in breiterem Umfang einschließlich Erdgas, Erdöl, Kernenergie usw. diskutiert, aber wiederum die direkte Nutzung der Sonnenstrahlung außer Betracht gelassen. Ich glaube, daß die Sonnenenergie auf lange Sicht eine sehr entscheidende Rolle spielen wird, natürlich für die Entwicklungsländer mehr als für uns. Ich war an sich froh, daß in dem ersten Vortrag deutlich hervortrat, wo die Entwicklungsländer liegen, nämlich in den Zonen um den Äquator herum. Wenn in den Medien und auch in der Politik immer wieder betont wird, daß es ein Nord-Süd-Gefälle gibt, dann ist das also nicht ganz korrekt. Es gibt auf der nördlichen Halbkugel ein Nord-Süd-Gefälle und auf der südlichen ein Süd-Nord-Gefälle. Der tiefere Grund für die spezifische Problematik der Entwicklungsländer ist also mehr eine klimatische Frage als alles andere. Der Mensch kann nur dann intensiv denken und arbeiten, wenn er sich in einer einigermaßen gemäßigten klimatischen Umgebung befindet. Lebt er in einem entsprechenden Klima, etwa wie wir hier in Europa, muß er aber im Winter heizen. Heizen konnte auch schon der primitive Mensch, denn das ist einfach. In wärmeren Gegenden hingegen benötigen wir Kühlung, und diese ist erst durch die moderne Technik in dem erforderlichen Umfang möglich geworden. Diese Entwicklung ist ganz deutlich in den Vereinigten Staaten zu erkennen. Dort dominierte früher völlig die Wirtschaft des Nordens, während sich heute der Sonnengürtel, der „sun belt", mit solch außerordentlicher Geschwindigkeit entwickelt. Die Bevölkerung zieht massiv in diesen Sonnengürtel, der sich von Kalifornien über Arizona, Texas bis nach Florida erstreckt. Es gibt eindeutig einen natürlichen Drang zu diesen wärmeren Gegenden.

Für die Entwicklungsländer bietet die Nutzung der Sonnenenergie ungeahnte Möglichkeiten. Die andere große moderne Energiequelle, die Kernenergie (ob auf Basis von Kernspaltung oder Kernfusion ist aus dieser Sicht unwesentlich) betrifft nämlich eine weitaus kritischere Technologie, die im wesentlichen nur von hochentwickelten Ländern in großem Umfang eingesetzt werden kann. Andererseits erfordert die Nutzung der Sonnenenergie, daß es erstens viel Sonne gibt und zweitens viel Fläche, die gegebenenfalls kaum anders genutzt werden könnte. Darin besteht aber die Chance dieser weiten Bereiche mit den großen Wüstengebieten.

Natürlich ist das spekulativ. Wir wissen, daß wir die benötigte Technologie heute noch nicht ausreichend beherrschen. Eine der Möglichkeiten zur Nutzung der Sonnenenergie ist aber eng verbunden mit der Mikroelektronik auf Siliziumbasis usw., also einem Gebiet, auf dem sich die Entwicklung in den letzten Jahrzehnten mit solch unglaublichem Tempo vollzogen hat, daß das, was heute zum Stand der Technik gehört, vor zwanzig Jahren als völlig utopisch angesehen wurde.

Wenn wir also hier in größeren Zeitspannen denken, sogar über das Jahr 2100 hinaus, dann reden wir von Zeiträumen, in denen die Sonnenenergie nach meiner Überzeugung eine bedeutende Rolle spielen wird. Vor allem für die Entwicklungsländer wird dies ein entscheidender Faktor sein, denn diese verfügen hierbei über ein Potential, das uns nahezu völlig fehlt.

Herr Batzel: Ich kann Ihnen nur zustimmen. Ich habe Ihnen von der Schachtanlage und der neuen Siedlung in Queensland berichtet. Dort werden alle Haushalte ausschließlich über Solarzellen versorgt. Etwa bis zur Jahrhundertwende dürfte die Energieversorgung auf konventionelle Art gesichert sein. Dann werden in zunehmenden Maße neue Technologien benötigt, unter denen die Solarzellen als Stromerzeuger eine wichtige Rolle spielen werden. Maß muß aber beachten, daß selbst in den hochzivilisierten Ländern nur gut 30% des gesamten Energiebedarf elektrischer Strom sind, allerdings mit steigender Tendenz. In der Bundesrepublik Deutschland werden andererseits rund 50% des gesamten Energiebedarfs mittelbar oder unmittelbar für Raumwärme benötigt.

*Veröffentlichungen
der Rheinisch-Westfälischen Akademie der Wissenschaften*

Neuerscheinungen 1978 bis 1984

Vorträge N Heft Nr.		NATUR-, INGENIEUR- UND WIRTSCHAFTSWISSENSCHAFTEN
279	*Joseph Straub, Köln*	Züchtungsforschung im Dienste der Ernährung Jahresfeier am 3. Mai 1978
280	*Heinrich Mandel, Essen*	Die Kernenergie im Spannungsfeld zwischen wirtschaftlicher Nutzung und öffentlicher Billigung
281	*Wolfgang Zerna, Bochum*	Probleme des Spannbetons
	Karl Kordina, Braunschweig	Über das Brandverhalten von Bauteilen und Bauwerken
282	*Werner H. Hauss, Münster*	Über die Möglichkeit, Koronarsklerose und Herzinfarkt zu verhüten und zu behandeln
	Ludwig E. Feinendegen, Jülich	Externe Messung von Herzstruktur und -funktion
283	*Gotthilf Hempel, Kiel*	Meeresfischerei als ökologisches Problem
	Eugen Seibold, Kiel	Rohstoffe in der Tiefsee – Geologische Aspekte
284	*Heinz-Günther Wittmann, Berlin*	Ribosomen und Proteinbiosynthese
285	*Helmut Domke, Aachen*	Sicherungsmaßnahmen gegen Bergschäden und Erdbeben
	Friedrich-Wilhelm Gundlach, Berlin	Der Einfluß des Regens auf die Ausbreitung von Mikrowellen
286	*Horst Rollnik, Bonn*	Ideen und Experimente für eine einheitliche Theorie der Materie
287	*John C. Harsanyi, Berkeley, Bonn*	A new solution concept for both cooperative and noncooperative games
	Reinhard Selten, Bielefeld	Experimentelle Wirtschaftsforschung
288	*Friedrich Hund, Göttingen*	Die Rolle des Dualismus Welle-Teilchen beim Werden der Quantentheorie
	Claus Müller, Aachen	Neue Verfahren zur Lösung der elliptischen Randwertprobleme der Mathematischen Physik
289	*Ulrich Hütter, Stuttgart*	Moderne Windturbinen
	Rudolf Schulten, Jülich	Kernenergietechnik heute
290	*Paul Arthur Mäcke, Aachen*	Planerische Möglichkeiten für einen humanen Stadtverkehr
	Karlheinz Roik, Bochum	Schrägseilbrücken – Beispiele und Entwicklungstendenzen im modernen Stahlbrückenbau
291	*Stefan Vogel, Wien*	Florengeschichte im Spiegel blütenökologischer Erkenntnisse
	Walter Larcher, Innsbruck	Klimastreß im Gebirge – Adaptationstraining und Selektionsfilter für Pflanzen
292	*Günther Gerisch, Basel*	Periodische Enzymaktivierung als Kontrollfaktor multizellulärer Entwicklung
	Jens Blauert, Bochum	Neuere Ergebnisse zum räumlichen Hören
293	*Franz Grosse-Brockhoff, Düsseldorf*	Herzbehandlung mit dem ‚Fingerhut' einst und jetzt
294	*Norbert Kloten, Stuttgart*	Das Europäische Währungssystem. Eine europäische Grundentscheidung im Rückblick
295	*Karl Schindler, Bochum*	Die Magnetosphäre der Erde und ihre Dynamik
296	*Eugene P. Cronkite, New York*	The hungry granulocyte – Its fate and regulation of production
297	*Volker Aschoff, Aachen*	Aus der Geschichte der Telegraphen-Codes
	Hans Dieter Lüke, Aachen	Moderne Probleme der Nachrichten-Codierung
298	*Karl Kremer, Düsseldorf*	Kunststoffe in der Chirurgie
	Gerd Meyer-Schwickerath, Essen	Augenoperationen in mikroskopischen Dimensionen
299	*Wolfgang Backé, Aachen*	Die Rolle der Fluidtechnik bei der Entwicklung neuartiger Maschinenkonzepte
	Rolf Staufenbiel, Aachen	Entwicklung des zivilen Luftverkehrs unter den Aspekten der Umweltbelastung und dem Zwang von Energieersparnis
300	*Hans Adolf Krebs, Oxford*	On asking the right kind of question in biological research
	Jozef Schell, Köln	Neue Aussichten für die Pflanzenzüchtung: Gen-Übertragung mit dem Ti-Plasmid
301	*Gerhard M. Schneider, Bochum*	Fluide Mischungen bei hohen Drücken
	Albrecht Maas, Bonn	Direktbeobachtung und Analyse von Kristallwachstumsvorgängen im hochauflösenden Transmissions-Elektronenmikrospkop
302	*Albrecht Rabenau, Stuttgart*	Lithiumnitrid und verwandte Stoffe
	Ulrich Wannagat, Braunschweig	Sila-Substitutionen

303	Hans K. Schneider, Köln	Wirtschaftliches Wachstum – trotz erschöpfbarer natürlicher Ressourcen? Jahresfeier am 11. Juni 1980
304	Hermann Flohn, Bonn	Kohlendioxyd, Spurengase und Glashauseffekt: ihre Rolle für die Zukunft unseres Klimas
305	Heinz Duddeck, Braunschweig	Die Entwicklung der technischen Wissenschaft ‚Tunnelbau'
	Wolfgang Zerna, Bochum	Tanks für kryogene Flüssigkeiten
306	Harald Schäfer, Münster	Der Einfluß von Gasen auf die Reaktionsfähigkeit fester Stoffe
	Herbert Döring, Aachen	75 Jahre Hochvakuumelektronenröhren
307	Hans J. Zassenhaus, Ohio	Über die konstruktive Behandlung mathematischer Probleme
	Max Koecher, Münster	Von Matrizen zu Jordan-Tripelsystemen
308	William F. Pohl, Minnesota	The Application of Global Differential Geometry to the Investigation of Topological Enzymes and the Spatial Structure of Polymers
	Lothar Jaenicke, Köln	Chemotaxis – Signalaufnahme und Respons einzelliger Lebewesen
309	Harald Ibach, Jülich/Aachen	Zur Physik und Chemie der Festkörperoberfläche
310	Edmond Malinvaud, Paris	La profitabilité comme facteur de l'investissement
	Burkart Lutz, München	Einige Aspekte von Theorie und Empirie segmentierter Arbeitsmärkte
311	Hans Jürgen Schmitt, Aachen	Der Mensch im elektromagnetischen Feld
	Günter Rau, Aachen	Ergonomie in der Medizin
312	Klaus Heckmann, Münster	Über *omikron*-Partikel und andere Symbionten von Ciliaten
	Detlev Riesner, Düsseldorf	Viroide: Struktur und Funktion der kleinsten Krankheitserreger
313	Sven Effert, Aachen	Arrhythmien des Herzens
314	Kurt Schmidt, Mainz	Verlockungen und Gefahren der Schattenwirtschaft
315	Eckart Reiche, Krefeld	Tagebau Hambach: Voraussetzungen – Probleme – Lösungen
	Hans-Ulrich Schmincke, Bochum	Vulkane und ihre Wurzeln
316	Roland Kammel, Berlin	Umweltschutz durch Abwasserelektrolyse
	Ernst-Ulrich Reuther, Aachen	Zur Problematik tiefer Bergwerke
317	Wilfried König, Aachen	Fertigungstechnologie in den neunziger Jahren
	Manfred Weck, Aachen	Werkzeugmaschinen im Wandel
318	Heinz Maier-Leibnitz, München	Die Wirkung bedeutender Forscher und Lehrer – Erlebtes aus fünfzig Jahren
	Reimar Lüst, München	Derzeitige Bedingungen und Möglichkeiten für Forschung in der Bundesrepublik Deutschland
319	Theo Mayer-Kuckuk, Bonn	Hermes und das Schaf – interdisziplinäre Anwendungen kernphysikalischer Beschleuniger
320	Gustav V. R. Born, London	Die Rolle der Thrombozyten bei der Athero- und Thrombogenese
321	Siegfried Großmann, Marburg	Deterministisches Chaos
	Günter Harder, Bonn	Experimente in der Mathematik
322	1. Akademie-Forum	Technische Innovationen und Wirtschaftskraft
323	Manfred Depenbrock, Bochum	Energieumformung und Leistungssteuerung bei einer modernen Universallokomotive
324	Franz Pischinger, Aachen	Möglichkeiten zur Energieeinsparung beim Teillastbetrieb von Kraftfahrzeugmotoren
	Dietrich Neumann, Köln	Die zeitliche Programmierung von Tieren auf periodische Umweltbedingungen
325	Hans-Georg von Schnering, Stuttgart	Clusteranionen: Struktur und Eigenschaften
	Arndt Simon, Stuttgart	Neue Entwicklungen in der Chemie metallreicher Verbindungen
326	Fritz Führ, Jülich	Praxisnahe Tracerversuche zum Verbleib von Pflanzenschutzwirkstoffen im Agrarökosystem
	Hermann Sahm, Jülich	Biogasbildung und anaerobe Abwasserreinigung
327	Hans-Heinrich Stiller, Jülich/Münster	Das Projekt Spallations-Neutronenquelle
	Klaus Pinkau, Garching	Stand und Aussichten der Kernfusion mit magnetischem Einschluß
328	Peter Starlinger, Köln	Transposition: Ein neuer Mechanismus zur Evolution
	Klaus Rajewsky, Köln	Antikörperdiversität und Netzwerkregulation im Immunsystem
329	Wilfried B. Krätzig, Bochum	Große Naturzugkühltürme – Bauwerke der Energie- und Umwelttechnik
	Helmut Domke, Aachen	Neue Möglichkeiten in der Konstruktiven Gestaltung von Bauwerken
330	Volker Ullrich, Konstanz	Entgiftung von Fremdstoffen im Organismus
331	Alexander Naumann †, Aachen	Fluiddynamische, zellphysiologische und biochemische Aspekte der Atherogenese unter Strömungseinflüssen
	Holger Schmid-Schönbein, Aachen	
332	Klaus Langer, Berlin	Die Farbe von Mineralen und ihre Aussagefähigkeit für die Kristallchemie
	Tasso Springer, Aachen/Jülich	Diffusionsuntersuchungen mit Hilfe der Neutronenspektroskopie
333	Wolfgang Priester, Bonn	Urknall und Evolution des Kosmos – Fortschritte in der Kosmologie
334	Raoul Dudal, Rom	Land Resources for the World's Food Production
	Siegfried Batzel, Herten	Der Weltkohlenhandel
335	Andreas Sievers, Bonn	Sinneswahrnehmung bei Pflanzen: Graviperzeption

ABHANDLUNGEN

Band Nr.		
36	*Iselin Gundermann, Bonn*	Untersuchungen zum Gebetbüchlein der Herzogin Dorothea von Preußen
37	*Ulrich Eisenhardt, Bonn*	Die weltliche Gerichtsbarkeit der Offizialate in Köln, Bonn und Werl im 18. Jahrhundert
38	*Max Braubach, Bonn*	Bonner Professoren und Studenten in den Revolutionsjahren 1848/49
39	*Henning Bock (Bearb.), Berlin*	Adolf von Hildebrand, Gesammelte Schriften zur Kunst
40	*Geo Widengren, Uppsala*	Der Feudalismus im alten Iran
41	*Albrecht Dihle, Köln*	Homer-Probleme
42	*Frank Reuter, Erlangen*	Funkmeß. Die Entwicklung und der Einsatz des RADAR-Verfahrens in Deutschland bis zum Ende des Zweiten Weltkrieges
43	*Otto Eißfeldt, Halle, und Karl Heinrich Rengstorf, Münster (Hrsg.)*	Briefwechsel zwischen Franz Delitzsch und Wolf Wilhelm Graf Baudissin 1866–1890
44	*Reiner Haussherr, Bonn*	Michelangelos Kruzifixus für Vittoria Colonna. Bemerkungen zu Ikonographie und theologischer Deutung
45	*Gerd Kleinheyer, Regensburg*	Zur Rechtsgestalt von Akkusationsprozeß und peinlicher Frage im frühen 17. Jahrhundert. Ein Regensburger Anklageprozeß vor dem Reichshofrat. Anhang: Der Statt Regenspurg Peinliche Gerichtsordnung
46	*Heinrich Lausberg, Münster*	Das Sonett *Les Grenades* von Paul Valéry
47	*Jochen Schröder, Bonn*	Internationale Zuständigkeit. Entwurf eines Systems von Zuständigkeitsinteressen im zwischenstaatlichen Privatverfahrensrecht aufgrund rechtshistorischer, rechtsvergleichender und rechtspolitischer Betrachtungen
48	*Günther Stökl, Köln*	Testament und Siegel Ivans IV.
49	*Michael Weiers, Bonn*	Die Sprache der Moghol der Provinz Herat in Afghanistan
50	*Walther Heissig (Hrsg.), Bonn*	Schriftliche Quellen in Moġolī. 1. Teil: Texte in Faksimile
51	*Thea Buyken, Köln*	Die Constitutionen von Melfi und das Jus Francorum
52	*Jörg-Ulrich Fechner, Bochum*	Erfahrene und erfundene Landschaft. Aurelio de'Giorgi Bertòlas Deutschlandbild und die Begründung der Rheinromantik
53	*Johann Schwartzkopff (Red.), Bochum*	Symposium ‚Mechanoreception'
54	*Richard Glasser, Neustadt a. d. Weinstr.*	Über den Begriff des Oberflächlichen in der Romania
55	*Elmar Edel, Bonn*	Die Felsgräbernekropole der Qubbet el Hawa bei Assuan. II. Abteilung: Die althieratischen Topfaufschriften aus den Grabungsjahren 1972 und 1973
56	*Harald von Petrikovits, Bonn*	Die Innenbauten römischer Legionslager während der Prinzipatszeit
57	*Harm P. Westermann u. a., Bielefeld*	Einstufige Juristenausbildung. Kolloquium über die Entwicklung und Erprobung des Modells im Land Nordrhein-Westfalen
58	*Herbert Hesmer, Bonn*	Leben und Werk von Dietrich Brandis (1824–1907) – Begründer der tropischen Forstwirtschaft. Förderer der forstlichen Entwicklung in den USA. Botaniker und Ökologe
59	*Michael Weiers, Bonn*	Schriftliche Quellen in Moġolī, 2. Teil: Bearbeitung der Texte
60	*Reiner Haussherr, Bonn*	Rembrandts Jacobssegen. Überlegungen zur Deutung des Gemäldes in der Kasseler Galerie
61	*Heinrich Lausberg, Münster*	Der Hymnus ›Ave maris stella‹
62	*Michael Weiers, Bonn*	Schriftliche Quellen in Moġolī, 3. Teil: Poesie der Mogholen
63	*Werner H. Hauss, Münster Robert W. Wissler, Chicago, Rolf Lehmann, Münster*	International Symposium 'State of Prevention and Therapy in Human Arteriosclerosis and in Animal Models'
64	*Heinrich Lausberg, Münster*	Der Hymnus ›Veni Creator Spiritus‹
65	*Nikolaus Himmelmann, Bonn*	Über Hirten-Genre in der antiken Kunst
66	*Elmar Edel, Bonn*	Die Felsgräbernekropole der Qubbet el Hawa bei Assuan. Paläographie der althieratischen Gefäßaufschriften aus den Grabungsjahren 1960 bis 1973
67	*Elmar Edel, Bonn*	Hieroglyphische Inschriften des Alten Reiches
68	*Wolfgang Ehrhardt, Athen*	Das Akademische Kunstmuseum der Universität Bonn unter der Direktion von Friedrich Gottlieb Welcker und Otto Jahn
69	*Walther Heissig, Bonn*	Geser-Studien. Untersuchungen zu den Erzählstoffen in den „neuen" Kapiteln des mongolischen Geser-Zyklus
70	*Werner H. Hauss, Münster Robert W. Wissler, Chicago*	Second Münster International Arteriosclerosis Symposium: Clinical Implications of Recent Research Results in Arteriosclerosis

Sonderreihe
PAPYROLOGICA COLONIENSIA

Vol. I
Aloys Kehl, Köln   Der Psalmenkommentar von Tura, Quaternio IX

Vol. II
Erich Lüddeckens, Würzburg,   Demotische und Koptische Texte
P. Angelicus Kropp O. P., Klausen,
Alfred Hermann und Manfred Weber, Köln

Vol. III
Stephanie West, Oxford   The Ptolemaic Papyri of Homer

Vol. IV
Ursula Hagedorn und Dieter Hagedorn, Köln,   Das Archiv des Petaus (P. Petaus)
Louise C. Youtie und Herbert C. Youtie, Ann Arbor

Vol. V
Angelo Geißen, Köln   Katalog Alexandrinischer Kaisermünzen der Sammlung des Instituts für Alter-
Wolfram Weiser, Köln   tumskunde der Universität zu Köln
                                                    Band 1: Augustus-Trajan (Nr. 1–740)
                                                    Band 2: Hadrian-Antoninus Pius (Nr. 741–1994)
                                                    Band 3: Marc Aurel-Gallienus (Nr. 1995–3014)
                                                    Band 4: Claudius Gothicus – Domitius Domitianus, Gau-Prägungen, Anonyme
                                                            Prägungen, Nachträge, Imitationen, Bleimünzen (Nr. 3015–3627)
                                                    Band 5: Indices zu den Bänden 1 bis 4

Vol. VI
J. David Thomas, Durham   The epistrategos in Ptolemaic and Roman Egypt
                                                    Part 1: The Ptolemaic epistrategos
                                                    Part 2: The Roman epistrategos

Vol. VII   Kölner Papyri (P. Köln)
Bärbel Kramer und Robert Hübner (Bearb.), Köln   Band 1
Bärbel Kramer und Dieter Hagedorn (Bearb.), Köln Band 2
Bärbel Kramer, Michael Erler, Dieter Hagedorn   Band 3
und Robert Hübner (Bearb.), Köln
Bärbel Kramer, Cornelia Römer   Band 4
und Dieter Hagedorn (Bearb.), Köln

Vol. VIII
Sayed Omar (Bearb.), Kairo   Das Archiv des Soterichos (P. Soterichos)

Vol. IX   Kölner ägyptische Papyri (P. Köln ägypt.)
Dieter Kurth, Heinz-Josef Thissen und   Band 1
Manfred Weber (Bearb.), Köln

Vol. X
Jeffrey S. Rusten, Cambridge, Mass.   Dionysius Scytobrachion

Vol. XI
Wolfram Weiser, Köln   Katalog der Bithynischen Münzen der Sammlung des Instituts für Altertums-
                                                    kunde der Universität zu Köln
                                                    Band 1: Nikaia. Mit einer Untersuchung der Prägesysteme und Gegenstempel

**Verzeichnisse sämtlicher Veröffentlichungen der
Rheinisch-Westfälischen Akademie der Wissenschaften können beim
Westdeutschen Verlag GmbH, Postfach 30 06 20, 5090 Leverkusen 3 (Opladen),
angefordert werden**

If you have any concerns about our products,
you can contact us on
ProductSafety@springernature.com

In case Publisher is established outside the EU,
the EU authorized representative is:
**Springer Nature Customer Service Center GmbH
Europaplatz 3, 69115 Heidelberg, Germany**

Printed by Libri Plureos GmbH
in Hamburg, Germany